"十三五"国家重点图书出版规划项目

画说三农书系

画说棚室番茄绿色生产技术

中国农业科学院组织编写

朱振华　朱永春　编著

中国农业科学技术出版社

图书在版编目（CIP）数据

画说棚室番茄绿色生产技术／朱振华，朱永春编著．——北京：中国农业科学技术出版社，2019.1
ISBN 978-7-5116-3787-1

Ⅰ．①画… Ⅱ．①朱…②朱… Ⅲ．①番茄－温室栽培－图解 Ⅳ．① S641.2-64

中国版本图书馆 CIP 数据核字 (2018) 第 156687 号

责任编辑　闫庆健　王思文
文字加工　鲁卫泉
责任校对　贾海霞
出　版　者　中国农业科学技术出版社
　　　　　　北京市中关村南大街 12 号　邮编：100081
电　　　话　（010）82106632（编辑室）（010）82109702（发行部）
　　　　　　（010）82109709（读者服务部）
传　　　真　（010）82106625
网　　　址　http://www.castp.cn
经　销　者　各地新华书店
印　刷　者　北京富泰印刷有限责任公司
开　　　本　880mm×1 230mm　1 /32
印　　　张　6.5
字　　　数　152 千字
版　　　次　2019 年 1 月第 1 版　2019 年 1 月第 1 次印刷
定　　　价　39.80 元

编委会

《画说『三农』书系》

序言

《画说『三农』书系》

农业、农村和农民问题，是关系国计民生的根本性问题。农业强不强、农村美不美、农民富不富，决定着亿万农民的获得感和幸福感，决定着我国全面小康社会的成色和社会主义现代化的质量。必须立足国情、农情，切实增强责任感、使命感和紧迫感，竭尽全力，以更大的决心、更明确的目标、更有力的举措推动农业全面升级、农村全面进步、农民全面发展，谱写乡村振兴的新篇章。

中国农业科学院是国家综合性农业科研机构，担负着全国农业重大基础与应用基础研究、应用研究和高新技术研究的任务，致力于解决我国农业及农村经济发展中战略性、全局性、关键性、基础性重大科技问题。根据习总书记"三个面向""两个一流""一个整体跃升"的指示精神，中国农业科学院面向世界农业科技前沿、面向国家重大需求、面向现代农业建设主战场，组织实施"科技创新工程"，加快建设世界一流学科和一流科研院所，勇攀高峰，率先跨越；牵头组建国家农业科技创新联盟，联合各级农业科研院所、高校、企业和农业生产组织，共同推动我国农业科技整体跃升，为乡村振兴提供强大的科技支撑。

组织编写《画说"三农"书系》，是中国农业科学院在新时代加快普及现代农业科技知识，帮助农民职业化发展的重要举措。我们在全国范围遴选优秀专家，组织编写农民朋友用得上、喜欢看的系列图书，图文并茂展示先进、实用的农业科技知识，希望能为农民朋友提升技能、发展产业、振兴乡村做出贡献。

中国农业科学院党组书记 张合成

2018 年 10 月 1 日

内容提要

《画说棚室番茄绿色生产技术》

本书以图文并茂的形式系统介绍了棚室番茄栽培的关键技术。内容包括：番茄栽培的生物学基础，番茄棚室的选址与建造，番茄品种选购与优良品种介绍，保护地番茄栽培管理技术，番茄主要病虫草害、生理性病害的识别与防治，棚室番茄的采后处理、贮藏、运输和营销等。对番茄栽培管理的方法、常见病虫害的为害症状等配有图片，读者能够快速掌握棚室番茄栽培的技术关键。书中的文字描述通俗简单、易于掌握；栽培管理技术来源于生产实践，实用性强；所用图片拍摄于田间大棚，针对性强，便于蔬菜种植户、家庭农场以及农技推广人员学习掌握，农业院校相关专业师生也可阅读参考。

《画说棚室番茄绿色生产技术》受到了潍坊科技学院和"十三五"山东省高等学校重点实验室设施园艺实验室的项目支持，在此表示感谢！

目 录

第一章 绪 论

　　番茄，又名西红柿、番柿、洋柿子等。目前我国各地通称谓西红柿。此乃世界各国主要蔬菜之一。野生的西红柿原产于南美洲秘鲁、厄瓜多尔、玻利维亚等国的热带山川密林中，果实小，形如纽扣，当地人误认为其果实有毒，管它叫"狼桃""疯苹果""恕苹果"等不雅之名。后来传至墨西哥，墨西哥人较早对其进行了驯化栽培，使其果实的颜色更加鲜艳夺目。西红柿由墨西哥传到西班牙等欧洲诸国，这与意大利航海家哥伦布西航发现美洲新大陆有关。他率西班牙"圣玛丽亚"号等多艘船只和水手百多人，分别于1492年、1493年、1498年、1502年四次横渡大西洋，先后抵达中、南、北美洲，发现了美洲新大陆，同时开通了欧洲至南、中、北美洲的航道。1503~1550年，西红柿由墨西哥先后传到西班牙、意大利、美国、葡萄牙等国。大约于1540年前后，英国女王的丈夫俄罗达里公爵把美丽的西红柿果实，从美国带到英国，作为观赏植物献给女王。女王心喜非常，并称其为"爱情苹果"。由此在英国的国民中，将美丽的西红柿果实献给自己的情人，曾盛行一时，使西红柿作为观赏植物在欧洲等国繁衍。传说18世纪初，法国有位画家在给西红柿写生后，感情冲动，冒死品尝西红柿果实，并穿好衣服，躺在床上等待死神降临。但是，画家不但安然无恙，那西红柿果实的酸甜适度风味，反而给了他美好的向往。从此，西红柿才去掉了"狼桃""疯苹果"等不雅的名字。从有毒植物行列解放出来，进入人类食品行列，开始进行较大面积栽培。1812年商品西红柿果初见于罗马市场。1853年始见于波士顿。此期西红柿在欧洲的种植面积并不算很大，而从欧洲传到美国后发展速度加快。到19世纪中后期西红柿的种植面积急剧增加，到20世纪中后期几乎普及世界各国，成为全球种植最广泛，消费最多的蔬菜作物之一。据联合国统计，1990年全世界西红柿产量已达 5 000 万吨。

欧美各国栽培的西红柿品种，由传教士、商人和华侨从东南亚引入我国沿海城市，种植约有 300 年历史。明末（1630 年）王象晋所著《群芳谱》中首次提到"番茄"。当时国人把西方国家视之为落后地区，鄙视之如"番"，列为番邦。故名"番茄"。1708 年清代《广群芳谱》中有"番柿"，一名六月柿。茎似蒿，高四五尺，叶似艾，花似榴。一枝结五实或三四实……草本也，来自西番，故名"番柿"等记载。

近代西方经济发达，故国人中多数已不再以"番"字呼之，乃将"番茄"称为"西红柿"，还有人将其称为"洋柿子"。

当今我国广泛栽培的西红柿，是从外域引进的固然不可否认，但我国自古早有西红柿也确系事实。云南西双版纳和大理有一种野生"酸汤果"，果实小如豌豆，食者都说味如番茄。因当地居民以此作汤而得"酸汤果"之名。经植物学家鉴定，其实是野生番茄，山西农业科学院曾试种广西壮族自治区的野生番茄，植株蔓生，成穗结果，繁殖后只是未见性状变异罢了。20 世纪 60 年代初，有人在位于川滇交界的渡口山区，采到野生番茄。倘溯源到古代，成都博物馆研究人员，1983 年在成都凤凰山一座西汉墓室底层，从随葬藤笥（用藤草编制而成的短时存放杂物的器具）中发现一些未碳化的植物种子，为避免盛有种子的器具干裂，他们用湿布覆盖其上，不料从中萌生出 40 多株嫩芽，经移植培育，这些幼苗开花结果，果实红色如枣形，竟是番茄。其抗寒性特别强，果实滋味良好宜人。由此证明，我国也是西红柿的发源地之一。2 000 多年前，我们的祖先就种植西红柿了。不过，我国现在种植的西红柿，不是起源于国内的野生西红柿，而是起源于南美洲的野生西红柿。由国外引入我国的西红柿，虽有 300 余年的种植历史，但直到 20 世纪初期，仅在台湾、海南、广东、浙江、福建等东南沿海地区种植。到 30~40 年代在华北、东北地区的大城市郊区才有零星栽培。因此，在新中国成立前后，西红柿仍是鲜为人知的稀有蔬菜。20 世纪 50~60 年代在我国北方大、中城市郊区和广大农村，推广种植西红柿，使其种植面积迅速扩大，成为人人皆知的大众蔬菜。到 70 年代西红柿已成为老少宜食的蔬菜。80 年代以来，随着我国北方地区冬暖塑料大棚等设施园艺的发展，实施西红柿反季节全年生栽培或一年多茬次栽培，从而实现了全年四季均衡上市供应的新目标。据测定，成熟西红柿果实中含有糖 3.0%~5.5%，有机酸 0.15%~0.75%，蛋白质 0.7%~1.3%，脂肪 0.2%~0.3%，纤维素 0.6%~1.6%，矿物质 0.5%~0.8%，果胶质 1.3%~2.5%，还含有丰富的维生素，平均 100 克鲜果中含有维生素 A0.27 毫克，维生素 B1 0.03 毫克，维生素 B2 0.02 毫克，维生素 C18.5~25.0 毫克。据研究，如果每人每天吃上 200~400 克鲜西红柿，就可满足机体对维生素 A、B、C 的需要。西红柿果中还含有钙、铁、硫、钠、钾、镁等矿物质盐，可供人体对大、中、微量元素的需要。又因西红柿果中含有较为丰富的过氧化物歧化酶（既 SOD），常食可使皮肤细嫩、面容红润增美。

　　古今医家对西红柿的常识是：其性微寒，味甘甜，生津止渴，凉血养肝，清热解毒，治高血压、坏血病、胃热口干舌燥，预防动脉硬化、肝脏病、牙龈出血等。近代医学发现西红柿所含有机酸，能软化血管，促进对钙、铁元素吸收，对肠黏膜有收敛作用。所含糖类多半为果糖、葡萄糖，即刻被吸收，又护肝养心。所含纤维素可促进肠道内腐败食物排泄，有助于预防肠癌。所含苹果酸和柠檬酸，能帮助胃液对脂肪和蛋白质的消化吸收。所含番茄素有消炎、利尿作用，对肾脏病患者尤有补益。常饮西红柿汁，能使面容光泽红润。这是因为西红柿所含胱肝肽是维护细胞正常代谢不可缺失的物质，能抑制络氨酸酶的活性，使沉着于皮肤和内脏的色素减退或消失，起到预防蝴蝶斑和老人斑的作用。现代药理研究发现，未成熟的西红柿中含有少量番茄碱，能抑制多种细菌和致病真菌繁殖，有预防菌痢、肠炎作用。但若在短时间内过多地吃未成熟的西红柿果实，会使大量番茄碱被吸入体内，容易引起中毒，出现恶心、呕吐、头昏、流涎、全身发热等症状，严重者甚至危及生命。难怪古人传说西红柿含剧毒，把西红柿叫作"狼桃""疯苹果"。因此应注意对未成熟的西红柿切莫生食，即使熟食也应烧透。若在烧煮时加点醋则能破坏其中的番茄碱，避免中毒。

第二章 番茄栽培的生物学基础

第一节 番茄的植物学特征

一、番茄的根

番茄是直根系，根系庞大分布较广，栽培种结果期主根能入土150厘米左右，侧根展幅达250厘米（图2-1-1）。

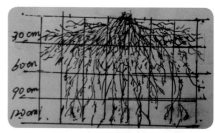

图2-1-1 栽培种番茄的根系

野生番茄的根系更庞大、密集（图2-1-2）。

穴盘育苗或基质栽培，番茄在基质栽培中生长的根系也很发达（图2-1-3）。

图2-1-2 野生番茄抗砧1号的根系

图2-1-3 番茄在基质中生长的根系

番茄不仅在主根上发生大量的侧根，侧根又发生大量支根，支根毛根甚多，茎上的任何处都易发生密集侧根，且发生伸展很快，此特性使番茄扦插繁殖或扦插定植容易成活。笔者于

1999 年夏季在山东省寿光市利用番茄顶部发生的带花序的侧枝（30~40 厘米长）剪下后，竖置于盛水的盆中，等倒茬整好地后及时扦插，扦插定植于棚田，在白天遮光的条件下，扦插后三昼夜，即发生出许多侧根（图 2-1-4）。

扦插后 3 昼夜，发生的根系已达 7~21 厘米（图 2-1-5），从第 4 天开始不再遮光。第 7 天扦插植株的根系已发达（图 2-1-6），中午不再洒水，转入常规栽培管理。扦插时带着的花序正常开花、坐果、扦插植株与种子植株对比（图 2-1-7）省去了育苗时间，节省了育苗开支还相对延长了持续结果期，其经济效益显著提高。

图 2-1-4 番茄扦插后三昼夜发生的侧根

图 2-1-5 番茄扦插后三昼夜发生的侧根

图 2-1-6 扦插后第 7 天，番茄植株的根系已发达，中午不再洒水

图 2-1-7 扦插植株（左）与种植株（右）对比

二、番茄的茎、枝

野生和半野生番茄的茎是蔓性，植株匍匐生长。栽培种番茄多数品种为半直立或半蔓性，茎基部木质化需架蔓或吊蔓栽培（图2-1-8）。极少数类型个别品种为直立性，无需支架。

图2-1-8　对半蔓性的番茄植株吊架蔓栽培

番茄茎的分枝能力强，每个叶腋都可发生侧枝，但以花穗下第1侧枝生长最快（图2-1-9）。在不整枝的条件下，侧枝也能结果（图2-1-10）。

番茄属假轴分枝（图2-1-11），茎端形成花芽。

图2-1-9　花穗下第1侧枝生长快而旺盛

图2-1-10　番茄侧枝结果

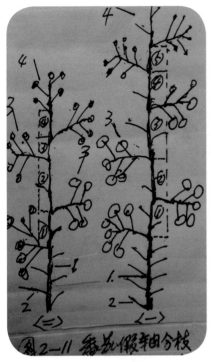

按其顶芽生长习性，茎可分为无限生长类型和有限生长类型（自封顶）。无限生长类型的植株在茎端分化第1个花序后，这个花序节腋间的1个侧芽生长成强盛的侧枝，与主茎连续成为假轴（也称加合轴），第2花序及以后各花序节腋间的1个侧芽也都如此，故形成假轴无限生长。有限生长类型的植株则在主茎生出3~5个花序节后，最上部1个花序节腋间不发生侧芽，也不再长成侧枝，故此假轴不再伸长，形成自封顶（图2-1-12）植株。

图2-1-11　番茄假轴分枝

（一）无限生长株：1.主干；2.叶柄；3.聚伞花序；4.株顶无限生；①、②、③、④、⑤分别是第1、第2、第3、第4、第5花序节腋间发生的侧枝，合轴形成的主茎。（二）自封顶植株：1.主干；2.叶柄；3.聚伞花序；4.封顶花序；①、②、③、④分别是第1、第2、第3、第4花序节腋间发生的侧枝，合轴形成的主茎

图2-1-12　番茄自封顶植株的形态

番茄的生育形态是判断植株生育状况的主要标志之一：一般丰产型植株茎节较短，茎上、下部粗度相似（图2-1-13）。而徒长型植株茎节过长，从下到上逐渐变粗（图2-1-14）。肥

料供应不足尤其缺氮肥时，表现出植株生长细弱，叶片较小、叶色黄绿（图2-1-15）。

图2-1-13　番茄植株无限生长丰产型植株形态

图2-1-14　徒长型植株形态（下部发生一了个大侧枝）

图2-1-15　生长细弱的植株形态

三、番茄的叶

番茄的叶互生，为单叶羽状深裂或全裂。每叶有3~9对小裂片，小裂片的大小、形状、多少依叶片着生部位而异。第1、2片叶的小裂片小、数少，而随着叶位上升，裂片数增多。一般小裂片为卵形或椭圆形，叶缘齿状、黄缘、绿缘或深绿缘（图2-1-16）。植株生长旺盛时，叶片上还常常发生组织芽（图2-1-17）。

番茄叶片的形状、大小、颜色等生态表现，既可作为鉴别品种的特征之一，也可作为栽培管理措施诊断的生态依据。一般晚熟品种的叶片较大，早熟品种的叶片较小，低温下叶片发黄，高温下小叶内卷（图2-1-18和图2-1-19）。受寒风吹害，叶片干边（图2-1-20）；连续弱光多日，导致叶片老化，叶色变褐紫色（图2-1-21）。植株缺素病、感染病毒病，首先在叶片上表现出症状来。

另外，番茄的叶片、茎、枝上，密生泌腺和腺毛，能分泌出特殊气味的汁液，具避虫作用。但此气味对黄瓜、甜瓜有不良影响。

图 2-1-16　番茄坐果前植株上半部
5 部位叶的叶色

图 2-1-17　番茄叶片发生
组织芽

图 2-1-18　低温下番茄小叶发黄色，大叶
不舒展的症状

图 2-1-19　高温下番茄叶
片小叶内卷的症状

图 2-1-20　番茄叶片受寒吹干边症状

图 2-1-21　连续弱光多日，
导致番茄叶片老化，叶色变
褐紫色的症状

四、番茄的花序及花

（一）番茄的花序

番茄的花序为总状花序，但因品种类型不同，花序有差异：大果型品种为短总状花序，也有人称其聚伞总状花序（图2-1-22）；罗曼系列番茄为复短总状花序（图2-1-23）；樱桃番茄多为单总状长花序（图2-1-24）；但也有樱桃番茄品种是复总状长花序（图2-1-25）。

图2-1-22 短总状花序坐住的番茄果实形态

图2-1-23 罗曼系列番茄为复短总状花序

图2-1-24 多数樱桃番茄是单总状长花序

图2-1-25 在樱桃型番茄中，也有些品种是复总状长花序

（二）番茄的花

番茄的花为完全花，花黄色，通常花数目为5~9出，而以

5~6出的较为普遍（图2-1-26）。

番茄花的开放顺序如图2-1-27所示。

番茄授粉：雄蕊聚合成1个圆锥体包围在雌蕊周围成为花药筒，花药筒成熟后向内纵裂，散出花粉，花粉落于雌花柱头上而授粉。因此，番茄是自花授

图2-1-26　番茄已开放的花和正在开放的花

粉作物。个别品种或有的品种在某些条件影响下，柱头伸出雄蕊之外，可异花授粉，天然杂交率仅为4%~10%。子房上位，中轴胎座。

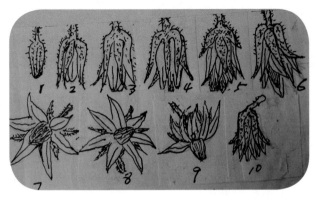

图2-1-27　番茄花的开放顺序

1.花蕾；2.露冠；3.花瓣伸长；4.花瓣微开；5.花瓣渐开（开展30°）；6.花瓣再开（开展60°）；7.花瓣更开（开展90°）；8.花瓣展开（180°）；9.花瓣翻卷（盛开）；10.花瓣萎缩（花闭）

注：此图是作者仿效王海廷1978年之图而作

在每一朵花的花柄中部有一个明显的离层"断带"（图2-1-28），果农称其为"拐角"或"关节"。在番茄栽培技术上，了解离层"断带"，便于防止落花落果和掌握采收番茄果实的操作技术。

"断带"的形成：在花芽分化期，距生长点部位的表皮约二十层左右处开始出现一层二次分生组织。随着花芽的发育层次逐渐增多。最后达10~12层。这时，离层细胞不再增加，但离层

的上下部位的细胞还不断肥大生长，于是在离层部位形成凹陷环状的"断带"（图2-1-29）。在环境条件不利于花器官发育时，"断带"处离层细胞分离，导致落花、落果。

图 2-1-28　番茄离层"断带"之处

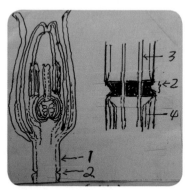

图 2-1-29　番茄离层的形成部位及纵剖面放大图：1. 花柄；2. 离层；3. 维管束；4. 形成层

五、番茄的果实和种子

（一）番茄的果实

番茄的果实心室数多少与萼片数及果形有一定关系。萼片数多，心室数也多，果实发育膨大得好而大。3~4个萼片的果实也是3~4个心室，果径较小，果实膨大不良；5~7个心室，最好是6个心室的果实，发育良好，接近圆球形，美观，质佳。所以菜农在看番茄品种图片广告选择品种时，最好是选用抗TY病毒品种中的6个萼片的（图2-1-30）。

图 2-1-30　抗 TY 品种中 6 个萼片的品种，果实圆球形，商品性好

在低温下形成的花，往往花瓣、萼片数偏多，柱头粗扁，这样的花必然发育成畸形果（图2-1-31），疏果时注意疏去。

番茄黄色果，果皮果肉皆黄色，果实黄色是由于含有胡萝卜素和叶黄素所致。增加果实的含胡萝卜素和叶黄素量的主要措施是改善光照条件，增强光照强度。

而番茄粉红果是果皮无色，果肉红色；红色果是果皮黄色，果肉红色。果肉红色是由于含有茄红素（$C_{40}H_{50}$）所致。而茄红素

图2-1-31　低温下形成的畸形果

的形成主要是受温度的支配。把棚温调节为昼间24~28℃，夜间16~20℃，是促进红果番茄果实加快转色的关键性措施。

（二）番茄的种子

番茄种子的千粒重为3.0~3.5克。它比果实成熟早，一般开花授粉后30天的种子具有发芽力，40天的种子完成胚发育，50~60天的种子完全成熟（图2-1-32）。

完全成熟的番茄种子之所以在果实内不发芽，是由于种子被果实中一层胶质所包围，果汁和胶质中存有发芽抑制物质及果汁浸透压的影响。

图2-1-32　番茄种子

第二节　番茄的生育期及生育特性

一、番茄发芽期及其生育特点

从种子发芽第一片真叶刚出现（破心）为番茄的发芽期，在正常温度、水分、空气条件下，这一阶段时期为7~9天，其过程（图2-2-1）如下。

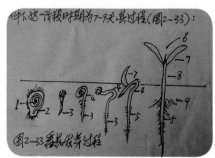

图 2-2-1　番茄发芽过程
1. 种子剖面子叶；2. 种子剖面胚根；3. 幼根；4. 胚轴；5. 主根；6. 生长点（开始发生真叶）；7. 展开的叶子；8. 出土后的胚芽；9. 侧根

番茄种子正常发芽，需要充足的水分，适宜的温度，足够的氧气。种子吸水量为自身风干重量的85%~90%。种子吸足水分后在25℃的温度及10%以上的含氧量条件下发芽最快，经36小时左右开始发根，再经2~3天子叶出现。

番茄与其他作物一样，处在发育期的幼苗具有较大的可塑性，若将萌动的种子进行低温（0~2℃）或变温（8~12小时20℃，12~16小时~0℃）处理，能在较低的温度条件下生长出一致的幼苗，往往具有促早熟作用。

二、番茄幼苗期及其生育特点

从第一片真叶出现到开始现大蕾（第一花序上的蕾再有3~5天即可开花时）这段时间为幼苗期。此期经历两个不同的阶段：

（一）基本营养生长阶段

在播种后的30天左右，幼苗3片真叶之前（花序分化前）

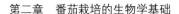

为基本营养生长阶段（图 2-2-2）。此期根系生长速度快，叶面积逐渐扩大，是完全营养生长，为下阶段花芽分化及进一步营养生长打基础的阶段时期。

图 2-2-2　番茄基本营养生长阶段的幼苗

（二）花芽分化阶段

幼苗 2~3 片真叶时花芽开始分化，进入幼苗期第二阶段，即花芽分化及发育阶段（图 2-2-3）。这时幼苗地上部分及根系的相对生长率显著下降，表现出生殖发育对营养生长的抑制作用及各器官生长的激烈调整。但这种变化很快调整为营养生长与生殖生长（分化花芽）同时进行。倒三角壮苗（图 2-2-4）是生长与发育同时双壮旺的表形。

图 2-2-3　番茄刚进入花芽分化阶段的幼苗

图 2-2-4　番茄花芽分化阶段的倒三角形壮苗

花芽分化的节位在第 6~11 节，早熟品种和育苗条件优良，最早可于第 6 片真叶后出现花序，但育苗条件不良，花芽分化节位相应增高，花芽开始分化后，一般 2~3 天分化 1 个花序，与此同时，花序相邻的上位侧芽开始分化生长，继续分化叶片，当第一花序花芽分化即将结束时，下一个花序开始了初生花的分化，如此不断往上发展，到第一花序呈现大蕾时（图2-2-5），第三花序花芽已经完全分化。可以看出，花芽分化早而快及花芽分化的连续性是番茄花芽分化过程中的主要特点（图2-2-6）。

图2-2-5　此叶龄的番茄植株，第一花序呈现大蕾，第三花序花芽已完成分化

生：未分化花芽的生长点：8.第八叶　9.第九叶

花：第一花序第一花（分化期）：8.第八叶　9.第九叶

花：第一花序第一花　生：新生长点　8.第八叶　9.第九叶

花1：第一花序第一花

花2：第一花序第二花

花3：第一花序第三花

生：新生长点　1.新生长点第一叶（第十叶）8.第八叶　9.第九叶

创造良好的条件，防止幼苗徒长，保证幼苗健壮生长和花芽正常分化及发育，是花芽分化阶段时期栽培管理的主要技术和重要任务。

三、番茄开花坐果期及其生育特点

图2-2-6　番茄花芽分化过程及其特点

番茄是连续开花和坐果的作物。这里所指的开花和坐果期仅

包括第一花序出现大蕾至坐果的一个不长的阶段时期（图2-2-7）。这一阶段虽然不长，但却是番茄从以营养生长为主过渡到生殖生长与营养生长协同发展的转折时期，直接关系到产品器官的形成及产量，特别是早期产量。

此阶段是决定营养生长与生殖生长平衡的关键时期。如若基肥中速效氮肥过多，缓苗后又浇水、追肥，这样必然使植株营养生长过旺，主茎下细上粗，侧芽发生多，生长快而长，甚至疯长（图2-2-8），而引起开花结果延迟或落花脱果或坐住的果实发育缓慢。

图2-2-7　番茄第一花序开花期的植株

图2-2-8　番茄植株生长过旺，有徒长趋势景象

尤其是中、晚熟品种，在日照不良、土壤水分过大、高夜温、偏施氮肥的条件下定植的幼龄苗，最容易发生这种表现。

反之，早熟品种在定植后管理不善，尤其是蹲苗时期过长，植株营养体积小，果实发育缓慢，产量不高。这就是常说的果赘秧现象（图2-2-9）。

因此，促进根系发展和地上部分茎叶生长与开花坐果同时平衡进展，是开花坐果阶段栽培管理的重要技术任务。

图2-2-9　番茄植株生长弱，坐果后果实发育缓慢，难见到果秧并茂现象

17

四、番茄结果期及其生育特点

从第一花序坐果到最后的花序结果结束（拉秧）都属结果期。因番茄是持续结果的作物，当第一花序果实正发育膨大时，第二、三、四、五花序也都在不同程度上发育着。尤其在开花后20天内，大量光合物质养分往果实内输送，各层花序之间的养分争夺比较明显（表2-1）。

表 2-1　番茄叶位与养分运输的关系

输送部位	各叶片同化物质的供给比例						
叶位	1-3	4-6	7-9	10-12	13-15	16-17	总和
顶芽	1	3	3	22	49	22	100
根系	18	36	18	14	8	6	100
叶	14	19	12	38	13	4	100
茎	21	23	14	15	15	12	100
第1果穗	18	18	29	21	11	3	100
第2果穗	5	10	5	47	29	4	100
第3果穗	10	6	5	37	24	18	100

备注　　1. 此表摘自高校教材北方本山东农业大学主编的《蔬菜栽培学各论》。

2. 表中举例样本为17片真叶、三穗果的植株。

由于营养物质分配的关系有的因下部果穗发育消耗养分过多，导致茎轴生长因养分供应不足使顶部变细，上位花序的花芽发育不良，有的樱桃番茄果穗中段无果（图2-2-10）；有的是秕果（图2-2-11）。这不仅说明各花序之间营养分配方面的矛盾，同时也反映出营养器官与生殖器官生长之间的矛盾。如果植株的营养生长与生殖生长处在平衡双健旺状态，从下至上的茎轴生长比较均匀，即使下位花序坐果多而果实较大，上位花序也能正常发育，表现开花结果多，而果实发育良好。

图 2-2-10　樱桃番茄上位花序穗中段无果

图 2-2-11　樱桃番茄上位果穗出现秕果现象

在番茄持续结果期，在良好或不良的外界环境条件下和正确的或不正确的栽培管理措施的影响下，往往使其产量的形成规律有如下多种类型：如先期产量高，后期产量也高；先期产量高，后期产量低；先期产量低，后期产量高；先期后期产量都低。不论是棚室保护地栽培还是露地栽培，先期产量高低对总产量的高低影响较大。若能创造条件，使结果先期植株既不弱也不表现徒长正常结果（图 2-2-12）的基础上于结果中期和后期持续加强管理，促进秧、果并盛，周期变化缓和，持续地正常结果，则能保证早熟丰产。

图 2-2-12　罗曼番茄在先期正常结果基础上加强了中、后期管理，中、后期也正常结果，则保证了早熟丰产

第三节　番茄对生产条件的要求

一、番茄对温度条件的要求（见表2-2）

番茄长时间在5℃以下的低温能引致低温障害。零下1~2℃会冻死。35℃以上高温，生殖生长受到破坏，造成落花落果。

表2-2　番茄对温度的需求

番茄 生育时期	昼温 夜温	最高昼温 最低夜温
发芽出苗期	26~30℃ 20~25℃	35℃ 12℃
苗期生长发育	20~25℃ 14~16℃	35℃ 7~8℃
开花结果期	26~28℃ 16~18℃	35℃ 13℃
果实膨大期	26~28℃ 15~17℃	35℃ 10~12℃

番茄根系生长最适土温为20~22℃，提高土温不仅能促进根系发育，而且土壤中硝态氮含量显著增加，使生长发育加速，产量增高。因此，只要夜间气温不高，昼夜地温都维持在20℃左右也不会引起植株徒长，这对棚室保护地西红柿生产有其实际意义。在5℃条件下根系吸收养分及水分受阻，9~10℃时根毛停止生长。所谓"生理干旱"并非土壤干旱，而是因长时间土壤低温而根系不能吸收水分和养分受严重影响。

二、番茄对光照条件的要求

番茄是喜光作物，光照饱和点为 7 万勒克斯，一般需要 3 万~3.5 万勒克斯的光照强度，若是光照不良，植株营养水平降低，造成大量落花（表 2-3），影响果实正常发育，产量降低。一般情况下，强光不会造成危害，如果伴随高温干燥条件，会引起卷叶或果面的灼伤，影响产量及产品质量。

表 2-3　不同照度下的番茄落花率（%）

光照强度	第一花序	第二花序	第三花序	平均
100%	10.8	11.7	23.1	15.2
75%	30.2	45.5	38.7	38.6
50%	38.9	68.2	81.8	62.9
25%	63.8	74.9	91.2	77.8
15%	73.5	100.0	100.0	91.1

备注　1. 以 30 000 勒克斯为光照度 100%；
　　　2. 此表摘自全国高等农业院校教材《蔬菜栽培学各论》北方本。

三、番茄对水分条件的要求

番茄茎叶繁茂，蒸腾作用比较强烈，蒸腾系数为 800 左右。但其根系比较发达，吸水力较强，因此，对水分的要求高于半耐旱的特点。即需要较多的水分供应，但又不必经常大量灌溉，且不要求很大的空气湿度，一般以 45%~50% 的空气相对湿度为宜。空气湿度大，不仅阻碍正常授粉，而且在高温高湿条件下病害严重。

不同的生长阶段对水分要求不同。幼苗期生长较快，为避免徒长和发生病害，土壤湿度不宜太高，应适当控制水分。第一花序着果前，土壤水分过多易引起植株徒长，根系发育不良，造成落花。第一花序果实膨大生长后，枝叶迅速生长，需要增加水分供应。西红柿的果实为浆果，盛果期需要大量水分供给，尤其盛果期处在高温季节，植株蒸腾量大，不经常补充水分会影响果实的正常发育。据有关报道，处于果实迅速膨大期的西红柿植株，每株每天吸水量为1~2升，不包括土壤蒸发的水分，每天每亩需补充水分5~10立方米。果实迅速膨大生长期发生的顶腐病，与土壤水分管理不善有一定关系。结果期若土壤湿度过大，排水不良，会阻碍根系的正常呼吸，严重时会烂根死秧。土壤湿度范围以维持土壤最大持水量的60%~80%为宜。另外，结果期土壤忽干忽湿，特别是干旱后又遇到大湿（大雨或大水灌），容易发生大量裂果。应特别注意勤浇匀灌，露地栽培的注意大雨后及时排涝。

四、番茄对土壤及养分条件的要求

番茄对土壤条件的要求不严格，但为获得丰产优质，创造良好的根系发育基础，应选用土层深厚、排水良好、富含有机质的肥沃土壤，番茄对土壤通气条件要求高，土壤空气中氧含量将低至2%时植株枯死，因此，低洼易涝及结构不良的土壤不适宜。沙壤土通透性好，土温上升快，在低温季节可促进早熟；黏壤土，或富含有机质及排水良好的黏土保水保肥力强，能提高产量。土壤酸碱度以pH值6~7为宜，过酸或过碱的土壤应进行改良。在微碱性土壤中幼苗生长缓慢，但植株长大后生长良好，结的果实品质好。

番茄在生育过程中，需从土壤中吸收大量的营养物质。有报道：生产5 000千克果实，需要从土壤中吸收氧化钾33千克、氮10千克、磷酸二氢钾5千克。这些元素73%左右存在于果实中，27%左右存在于植株其他部位。

第三章　番茄优良品种及其选用

第一节　番茄的两个种及其变种

番茄分普通番茄种和醋栗番茄种。这两个种都包括多个变种。

一、普通番茄种的六个变种

（一）大果类型番茄变种

普通番茄种即为近代国内外栽培的番茄种，该种包括番茄大果类型变种、大叶类型变种、植株有三类型变种、果实梨形类型变种、果实桃李形类型变种、果实樱桃果形类型变种。各个变种都包括多个品种群。

二、醋栗番茄种

为近野生种，茎细长，叶片较细小，果实特小（大者如纽扣，小者如豌豆大小），二室。圆球形，未成熟果实绿色，总状花序，每花序可坐果 10~20 个或更多，果味酸涩，籽多。因食用价值低而不作食用栽培。但从其系统发育上来讲，多数学者认为，野生番茄中，还包括秘鲁番茄种和多毛番茄种，后两者均属野生类型，而醋栗番茄为近野生种，它们都是现代种植的普通番茄种的祖先。不过近野生种醋栗番茄的变种英格兰番茄，比多毛番茄种和秘鲁番茄野生种表现得叶片大些，茎秆也变得粗了些。不过它们都具高抗病等抗逆性能，因此，可作为有性杂交育种材料和嫁接育苗的砧木。如沃尔富斯农业科技有限公司杂交育成的专用嫁接砧木——根状元 F1（图 3-1-1），其长势特强，根系发达，亲和力强，成活率高，用此做砧木嫁接后显著提高植株长势和产量，且抗镰刀菌根腐病、黄萎病、枯萎病等土传病害，对外界气候环境抗逆性强。宜于在根腐病，枯、黄萎病等病害严重地区做砧木用。

图 3-1-1　根状元 F1（番茄专用嫁接砧木）

此图片承蒙山东·济南沃尔富斯农业科技有限公司提供

第二节　番茄品种群及其主要优良品种

目前，生产上采用的番茄优良品种繁多，但绝大部分是杂交一代良种。按其果实大小可分为大品种、中果型品种、果实桃李型小果品种、果实樱桃果型小果品种。上述四种类型的品种按其成熟果实的颜色，各又可分为红色果品种群、粉红色果品种群、黄色果品种群、紫色果品种群和绿色果品种群等。

一、大果类型品种

指单果重 180~400 克以上大果品种。未成熟的果实绿色，按成熟果实的颜色可分红色果品种群、粉红色果品种群和黄色果品种群等。

（一）大果粉红色果实品种群

在大果类型品种中，该品种群的优良品种（主要是杂交一代种）最繁多。

1. 欧粉娜 F1

为抗番茄黄化曲叶病毒病（即 TYLev 病毒，简称 TY 病毒）、抗叶霉病的高档粉红果番茄。属植株无限生长类型，生长势强，连续坐果能力强；果实高扁圆球形，成熟果实亮粉红色，单果重230~260克。大小均匀，耐裂，耐储运，具进口大红果番茄的植株生长势和果实硬度（图3-2-1）。

该品种适合于北方地区秋延迟，越冬和早春棚室保护地各茬栽培及南方露地栽培。

2. 米勒

植株无限生长型，早熟，大果深粉红色番茄（图3-2-2）。具备大红果番茄的植株生长势和果实硬度。果穗整齐，单果重280~300克，萼片较大多为61克，果实高圆形，成熟果深粉红色，果面光亮，无绿果肩。果皮厚，硬度高，耐长途运输。抗番茄黄化曲叶病毒（TY）病，抗灰叶斑病，抗根结线虫病。适于棚室保护地越夏茬、秋延茬、春夏茬栽培。

3. 玛丽娅 5 号 F1

图 3-2-3 玛丽娅 5 号 F1
此图片承蒙寿光市万盛种业有限公司提供

由国外引进番茄杂交一代种。属植株无限生长类型，生长势强盛，连续坐果能力强，果实高圆形（图3-2-3），粉红色，萼片平展，果型果色漂亮，硬度大，耐储运，精品果率高，单果重280克左右。品质佳，商品性好。

抗TY病毒病，耐灰叶斑病，适合于棚室保护地秋延茬和早春茬栽培。

图 3-2-1 欧粉娜 F1
此图片承蒙寿光市满义农业科技有限公司提供

图 3-2-2 米勒 此图片承蒙寿光市满义农业科技有限公司提供

25

4. 胜美粉 F1

抗 TY 病毒病，抗根结线虫病的大果型粉红果番茄杂交一代良种（图 3-2-4）。植株无限生长类型，生长势强，中早熟而不早衰，连续结果性强。平均单果重 250 克左右，果实圆球形略扁，果色艳丽。无青皮、无裂果、无畸形、品质上乘，每株坐果 5~7 个，果实整齐一致。叶片稀而短，植株清秀紧凑，适宜密植，保护地栽培一般亩（667 米^2。全书同）植 2 500 棵左右，亩产 12 000~13 000 千克。适合于棚室保护地早春（冬春）茬、秋延冬茬、越冬茬栽培。

图 3-2-4　胜美粉 F1　此图片承蒙寿光金秋种业开发中心提供

5. 欧宝 F1

该番茄杂交一代种，高抗 TY 病毒病，抗灰叶斑病，耐热、耐寒性强。植株无限生长类型，生长势强，连续坐果能力强劲，果实高球形，平均单果重 280 克左右，大小均匀。果面光亮，果色粉红艳丽，果肉硬度大，耐储运。高产优质。

适合于棚室保护地早春茬、越夏茬、秋延茬和越冬茬栽，可周年一大茬栽培和露地栽培（图 3-2-5）。

图 3-2-5　欧宝 F1　此图片承蒙寿光市金秋种业开发中心提供

6. 吉祥 1601F1

植株无限生长类型，生长势旺盛，不早熟，连续坐果能力强，不早衰，成熟果实粉红色，圆形，转色快，果

图 3-2-6　吉祥 1601 F1　此图片承蒙寿光市友贤种业有限公司提供

面艳丽，单果重 240~350 克，果肉厚而硬耐储运。货架期较长（图 3-2-6）。

高抗镰刀菌冠状根腐病、黄萎病。适于棚室保护地早春茬、秋延茬和越冬茬栽培。

7. 莎尔达 F1

番茄杂交一代大粉果良种。植株无限生长类型。果实高圆形，单果重 200~300 克。果面光亮艳丽，果肉较硬，耐储运。

高抗 TY 病毒病，抗根结线虫病，抗叶霉病。适于棚室保护地早春，秋延，越冬栽培（图 3-2-7）。

图 3-2-7　莎尔达 F1　此图片承蒙寿光市朝阳种苗推广中心提供

8. 萨顿 F1

一代杂交种，属无限生长类型，中早熟，生长旺盛，粉红色，果实大小均匀，不易裂果，硬度高，不空穗，单果重平均 240 克，扁圆球形，无绿果肩，货架期长，抗 TY 病毒病、根结线虫病、黄萎病、枯萎病（图 3-2-8）（TK-1868）。

其高产、优质特性，似欧顿 F1。

9. 粉葆莎 F1

植株无限生长类型，特大粉果番茄品种。生长旺盛，坐果率高，单果重 260~350 克，果形微

图 3-2-8　萨顿 F1（TK-1868）此图片承蒙山东鲁寿种业有限公司提供

扁圆，果面光亮美观。耐高温，抗病性强。抗 TY 病毒（番茄黄化曲叶病毒）病，抗烟草花叶病毒病，抗番茄黄萎病（图 3-2-9）。

适宜于棚室保护地秋延茬、早春茬、越夏茬栽培。也适露地栽培。

图 3-2-9　粉葆莎　此图片承蒙寿光市西方种苗有限公司提供

10. 夏星 2 号 F1

植株无限生长型，长势粗壮旺盛，叶片浓绿，节间短，好管理，早熟性能好，耐热，高温能坐果，果实粉红靓丽，圆型略高，皮厚不裂，单果重 240~350 克，高抗 TY 病毒，抗褪绿病毒（黄头），抗灰叶斑病，适宜越夏拱棚、早秋延保护地栽培（图 3-2-10）。

11. 欧娜 F1

无限生长，中早熟品种，生长势强，单果重 250~350 克，果实圆型略高，颜色粉红色，果色靓丽，萼片美观，果皮厚，硬度好，产量高，连续坐果能力强，高抗 TY 病毒（番茄黄化曲叶病毒），抗灰叶斑病，耐根结线虫，适宜于棚室保护地越夏、秋延及早春茬栽培（图 3-2-11）。

12. 摩尼尔 F1

无限生长型中熟品种，植株生长旺盛，株形紧凑，抗逆性强，连续坐果能力强，是秋延，越冬温室及早春保护地栽培的理想品种。

果色粉红鲜艳，果实高圆形，果实大小一致，单果重 260~300 克，果实硬度高，常温下货架期可延长 20 天以上，适合长途运输和储存，是边贸出口的首选品种（图 3-2-12）。

抗番茄黄化卷叶病毒（TY）病，抗枯萎病、黄萎病、根结线虫病等病害，耐叶霉、叶斑病。适于保护地和露地栽培。

图 3-2-10　夏星 2 号 F1　此图片承蒙寿光市友贤种业有限公司提供

图 3-2-11　欧娜 F1　此图片承蒙寿光市友贤种业有限公司提供

13. 金棚 9 号 F1

金棚 9 号抗番茄黄化曲叶病毒（TY）病，抗根结线虫病，耐热，耐裂果，在高温下坐果能力强，成熟果粉红色，单果重 200~250 克，适于棚室保护地早春茬、越夏茬和秋延茬栽培，也适于露地栽培（图 3-2-13）。

图 3-2-12　摩尼尔 F1　此图片承蒙山东寿光市满义农业科技有限公司提供

图 3-2-13　金棚 9 号 F1 此图片承蒙西安金鹏种苗有限公司提供

14. 浙粉 706F1

该杂交一代番茄种，是浙江省农业科学院蔬菜研究所育成的中早熟粉果番茄良种，植株无限生长类型，成熟果粉红色，未有青肩绿皮，平均单果重 230 克左右，果型高圆，上色快，着色一致。色泽鲜亮，硬度好，耐储运，商品性好（图 3-2-14）。

抗 TY 病毒病，耐灰叶斑病，可利用棚室保护地周年一大茬栽培。

图 3-2-14　浙粉 706 F1　此图片摘自《中国蔬菜》2015 年 4 期

15. 爱农 14F1

最新引进高抗 TY 病毒大果粉果番茄品种，果实苹果形，果肉硬度高，个头均匀，单果重 280~300 克，产量极高，同时抗叶霉病、叶斑病等，耐运输，边贸首选。适合棚室保护地早春茬、秋延茬、越冬茬栽培（图 3-2-15）。

16. 金粉 8 号

国外引进无限生长型，中熟品种，植株长势强健，节间短，连续座果能力强，略高圆形，粉红亮丽，果皮厚，硬度高，单果重约 300 克，最大可达 350 克，高抗 TY 病毒病、叶霉病、枯萎病等常见病害。适于保护地秋延茬、越冬茬及早春茬栽培(图 3-2-16)。

图 3-2-15　爱农 14F1　此图片承蒙山东寿光长兴种苗有限公司提供

图 3-2-16　金粉 8 号　此图片承蒙寿光金栗园农业科技有限公司提供

17. 西方 189F1

无限生长，长势旺盛，粉色，单果重 260~350 克，硬度好，抗 TY 病毒病、线虫病，适宜秋延、早春、越冬、越夏及南方露地栽培（图 3-2-17）。

18. 中杂 301 F1

中国农业科学院蔬菜花卉研究所和中国种业科技（北京）有限公司育成的番茄杂交 1 代高产优质良种，植株无限生长，长势旺盛，连续结果能力强。果实成熟后粉红色，果面光泽艳丽，果形球圆，单果重 220~250 克，抗 TY 病毒病，适宜于棚室保护地早春茬、秋延茬和越冬茬栽培（图 3-2-18）。

图 3-2-17　西方 189 F1　此图片承蒙寿光市西方种苗有限公司提供

19. 金菲 F1

对番茄黄化卷叶病毒（TY）有高度抗性的番茄新品种，无限生长型，中熟，大果粉色，植株生长旺盛，不早衰，产量高。果实圆形无绿肩，单果重 300~400 克，皮厚果硬，果面光滑，宜秋延、越冬温室及秋冬春一大茬温室种植（图 3-2-19）。

2009 年秋季寿光爆发番茄黄化卷叶病毒病，经菜农种植证明金菲是宜选用的丰产粉果品种。

图 3-2-18　中杂 301 F1　此图片摘自《中国蔬菜》2015 年 11 期

图 3-2-19　金菲 F1　此图片承蒙寿光市利源种业有限公司（原寿光市种子总公司蔬菜组）提供

20. 崎玉 009F1 （图 3-2-20）

崎玉 009F1 番茄，是具大红番茄系统的硬果粉色果品种。果实微高圆形，单果重 250 克左右，果实高硬度，皮厚，耐储运，幼果绿色，成熟时由绿色直接转为粉红色。抗叶霉病，枯萎病，抗根结线虫病。宜于越夏早春大棚温室种植。栽培管理过程中花密度宜稀。

（二）大果型红色果品种群

在大果类型中，红色果品种群的优良品种（主要是杂交一代种）数也繁多，不少于粉红果品种数。因红色果品种植株生长势强，果实硬度大，最耐储运是货架期长的品种。单果重 200~360 克，成熟果颜色大红色或亮红色，目前主要栽培优良品种（包括杂交 1 代种）亦很多。

21. 玛丽娜 4 号 F1

抗 TY 病毒病大红果番茄杂交 1 代良种。由国外引进，无限生长型，根系发达，生长强健，连续坐果能力强，果形圆球形略扁，果色鲜红亮丽，无青肩，无裂果以及根腐病，高抗 TY 病毒，抗根结线虫病，硬度极好，特耐储运，单果重 230~250 克（图 3-2-21），属中大型果，商品性极好，是高档超市和边贸出口之佳品，适合于拱棚保护地早春、越夏茬、秋延茬和越冬茬栽培。

图 3-2-20　崎玉 009F1 番茄和崎玉 009F1 此图片承蒙山东省寿光市利源种业有限公司提供

图 3-2-21　玛丽娜 4 号 F1 此图片承蒙寿光万盛种业有限有公司提供

22. 萨琳娜 307F1

萨琳娜 307F1，由荷兰引进的适宜越夏栽培的大红果型抗 TY 病新品种。植株长势中等，容易坐果，单果重 220~280 克，圆形略扁，无绿果肩，不易空心，高抗 TY 病毒病。颜色大红亮丽，萼片漂亮，较耐高温，适宜早春、越夏茬和秋茬栽培（图 3-2-22）。

图 3-2-22　萨琳娜 307F1 此图片承蒙山东寿光满义农业科技有限公司提供

23. 大红 10 号 F1

该大红 10 号是最优秀的抗 TY 病毒病的大红番茄品种；植株无限生长型，果色鲜红亮丽；植株生长旺盛，属极早熟品种，果圆型、硬度大，萼片大而肥厚；单果重一般在 260~330 克，口感极佳，产量特高；抗病能力强，高抗叶霉病、病毒病、耐根结线虫病；适宜早春、秋延、越冬保护地种植（图 3-2-23）。

图 3-2-23　大红 10 号 F1 此图片由寿光效国农业科技有限公司提供

24. 寿研番茄 1 号 F1

寿研番茄 1 号是由山东省蔬菜工程技术研究中心，寿光市瑞丰种业有限公司，山东寿光泽农种业有限公司协作育成的杂交一代番茄良种。无限生长型，坐果率高，高产，耐低温；果色鲜红亮丽，萼片大而舒展，单果重 230 克左右；果实周正，质地硬，商品性佳，货架期长达 30 天以上，耐储运，是边贸出口品种的首选；抗叶霉病和枯萎病，抗 TY 病毒病，适合棚室保护地秋延、越冬和早春茬栽培（图3-2-24）。

25. 乐美 F1

乐美番茄的品种特性：国外引进无限生长型杂交一代大红果品种。植株长势中等，易坐果，单果重150~220克，圆形略扁，无绿果肩，不易空心，果肉厚，皮硬耐储运，商品性佳。较耐高温，适宜于棚室保护地越夏茬、早秋茬栽培。

品种优势：高抗黄化曲叶病毒（TY）病、花叶病毒病、根结线虫病，抗黄萎病、枯萎病1、2和斑萎病等（图3-2-25）。

图3-2-24　寿研番茄1号 F1 此图片由山东寿光瑞丰种业有限公司提供

图3-2-25　乐美 F1 此图片承蒙寿光市欣欣种苗有限公司提供

26. 佳丽 14 号 F1

无限大红果番茄，长势旺盛，抗TY病毒病，单果重200~260克，苹果型，果色深红，硬度好，产量高，耐热性好，适应性强。是既可保护地早春茬、秋延茬栽培，又可越夏茬栽培的杂交1代良种（图3-2-26）。

27. 美国红番茄 F1

美国红番茄，无限生长型，生长势旺盛，中熟。大红果，果实扁圆形，单果重约200克，高硬度，耐储运。抗TYLCV病

图 3-2-26 佳丽 14 号 F1 此图片承蒙寿光市西方种业有限公司提供

毒病、ToMV 番茄花叶病毒病能力强（图 3-2-27）。

适宜于棚室保护地早春茬、春夏茬、秋茬、秋延茬和越冬茬栽培。也可周年一大茬栽培。

28. 大红 15-16F1

大红 15-16F1 抗 TY 病毒病、抗根结线虫病，抗番茄灰叶斑病，抗枯萎病、黄萎病、根腐病、抗死棵病。生长势强，连续结果性能好，可周年 1 大茬大衰，单果重 200~280 克，成熟果大红。适宜保护地早春茬、春夏秋茬、秋延茬、越冬茬栽培（图 3-2-28）。

图 3-2-27 美国红番茄 F1 此图片承蒙寿光市乐农农业科技有限公司提供

图 3-2-28 大红 15-16F1 此图片承蒙山东寿光西方种苗有限公司提供

29. 浙杂 503F1

该杂交一代番茄良种，由浙江省农业科学院蔬菜研究所全新选育成的抗 TY 大红果番茄新品种。早熟，植株无限生长型，高抗 TYLCV（番茄黄化曲叶病毒）病毒病和抗枯萎病，及抗番茄灰叶斑病。成熟果大红色，果实圆球形，平均单果重 220 克左右，硬度高，耐储运，商品性好。适应性广，适于保护地和露地栽培（图 3-2-29）。

图 3-2-29 浙杂 503F1 此图片摘自《中国蔬菜》月刊 2015 年

30. 德澳特 8070F1

无限生长型，植株长势健壮，叶片深绿肥厚，花多易坐果。中型果，正常栽培条件下，平均单果重 180~220 克。果实圆形略扁，萼片坪展，硬度高，色泽亮红，商品性佳（图 3-2-30）。抗番茄黄化曲叶病毒（TY 病毒）病、枯萎病等多种病害。适合保护地早春、秋延栽培。

图 3-2-30 德澳特 8070 F1 此图片承蒙荷兰德澳特种业集团驻山东寿光办事处提供

（三）大果型中黄色，紫色品种群

目前，在大果型，黄色果品种群和紫色果品种群的品种数量都不多，尤其是抗 TY 病毒病（番茄黄化曲叶病毒病）的黄色大果品种和紫色大果品更不多见。但是在山东省寿光棚室蔬菜集中产区，也有些种苗公司销售该类种苗。

31. 加州 606F1

杂交一代大黄果番茄。植株无限生长型，长势旺盛，单穗坐果多，连续坐果能力强，穗型整齐。果实圆球形，成熟果亮丽橘黄色，单果重 220~280 克，果肉厚硬，耐裂耐储运。抗病高产，露地保护地均可栽培（图 3-2-31）。

图 3-2-31　加州 606F1　此图片承蒙北京金色谷雨种业科技有限公司寿光办事处提供

32. 黄冠 F1

番茄大黄果杂交一代种，植株无限生长型，长势强劲，叶片中等大小，果实圆形，果色明黄或橙黄，果肉黄色，平均单果重 220 克左右，果萼厚度大而美观。不易裂果，口感甜，硬度大，水果味浓，既可作为蔬菜炒食、凉拌食，亦可作为鲜水果食，适宜于棚室保护地早春茬、春夏茬、秋延茬和越冬茬栽培。秋茬、秋延茬注意防治TY病（图 3-2-32）。

图 3-2-32　黄冠 F1　此图片承蒙寿光市友贤种业有限公司提供

33. 黄魁 F1

无限生长，杂交一代，果实圆型，橘黄色，单果重 220~280 克，植株长势强壮，不早衰，连续坐果率高，皮硬肉厚，特耐运输，是出口创汇的理想品种，适宜全国各地栽培（图 3-2-33）。

34. 维特一点红番茄

植株无限生长，长势旺盛，肯坐果，单果重平均250克，硬度好，耐储运，口感好，精果率高，抗青枯病，综合抗病性高，适宜于南北各地不同气候条件栽培。红心转色1厘米时即可采收（图3-2-34）。

图3-2-33　黄魁F1　此图片承蒙寿光市友贤种业有限公司提供

图3-2-34　维特一点红番茄　此图片提供者同上

35. 紫罗曼F1

植株无限生长型，黑紫色果罗曼型西红柿，顶端长势强劲，每穗结果7~9个，单果重160~210克，留8~10穗，摘心，结果后期不现衰弱。无畸形果，果形周正高圆形，果色亮丽，口感好，水果味浓，既可作水果鲜食，也可作蔬菜炒食，但十分适合鲜食。

高抗TY病毒病。适宜于棚室保护地早春茬、春夏茬、秋延茬和越冬茬栽培（图3-2-35）。

36. 黑芙蓉

杂交一代，无限生长，植株长势旺盛，果实正圆型，颜色黑褐色，单果重 220~280 克，果皮厚，硬度强，耐裂抗运输，高抗 TY 病（番茄黄化曲叶病毒病），萼片平展，高产易管理，是大型超市稀有的保健美容的理想水果（图 3-2-36）。

图 3-2-35　紫罗曼 F1　此图片承蒙山东乐力农业发展有限公司寿光古城街道办事处提供

图 3-2-36　黑芙蓉　此图片承蒙寿光市友贤种业有限公司提供

二、中型果各颜色番茄品种

（一）中果型黄色番茄品种群

37. 航锦

无限生长型，果实橙黄色，果实长卵圆形，单果重 120~150 克，中早熟，皮厚亮丽，硬度好，建议每亩定植 2 200 株。

对 TY 病毒病只耐病，适于棚室保护地早春茬、越冬茬栽培，在秋茬和秋延茬栽培中应及时防治 TY 病毒（番茄黄化曲叶病毒）病（图 3-2-37）。

38. 加长黄罗曼 F1

无限生长，植株旺盛，果实卵圆，凸尖明显 1 厘米左右，加长型状，直径 5~8 厘米，长度 10~14 厘米，颜色橙黄靓丽，单果重 100~130 克，可串收，不青皮，硬度好，抗裂性强，抗叶霉病，高抗 TY 病毒（番茄黄化曲叶病毒）病，产量比同类品种高产 30% 左右，于棚室保护地一年四季均可种植（图 3-2-38）。

图 3-2-37　航锦　此图片承蒙寿光市冠园种业有限公司提供

图 3-2-38　加长黄罗曼 F1 此图片承蒙寿光市友贤种子有限公司提供

图 3-2-39　欧拉玛（黄罗曼）F1 此图片承蒙北京联华维信贸易有限公司提供

39. 欧拉玛（黄罗曼）F1

无限生长型中早熟杂交品种，长势旺盛，单果重 100~120 克，每穗挂 5~8 个果，果型长椭圆，果色明黄或橙黄，亮度好，鲜食味佳，无绿肩，抗裂性强，硬度好，可成串采摘，连续坐果能力强，长货架期 3 周，抗烟草花叶病毒（TMV）病、枯萎病 1、2 号（F1+F2）、叶霉病（C5）和番茄白粉病（Lt），建议每亩定植 2 000~2 500 株，适宜越冬和秋延迟温室及春夏大棚种植（图 3-2-39）。

图 3-2-40 红果 F1 此图片承蒙山东潍科农业发展有限公司提供

（二）红色、粉红色中果型品种群如下。

40. 红果 F1

该品种长势旺盛，抗叶霉病，抗 TY 病毒病，颜色大红，平均单果重 120 克左右，可串收，果实硬度高（无汁番茄），货架期 6 周，目前在中国市场很受欢迎（图 3-2-40）。

41. 粉丹罗 F1

高抗 TY 病毒病的杂交一代中果型番茄，植株无限生长，粉果。果实长椭圆形而优美，平均单果重 120 克左右，每穗坐果 6~12 个，大小均匀，硬度高，耐储运，货架期长达 6 周（42 天），植株长势强劲，连续坐果而不显衰弱，成熟期转色快而均匀。综合抗性强，是边贸出口宜选用品种。适宜于棚室保护地早春茬、春夏茬、秋延茬和越冬茬栽培（图 3-2-41）。

42. 穗收红罗曼 F1

无限生长，长势旺，单果重 100~120 克，每穗 5~8 个果，长椭圆红果，可成串采收，抗线虫病，适宜棚室保护地早春茬、秋延茬、越冬茬栽培（图 3-2-42）。

43. 草莓果 F1 番茄

无限生长，植株旺盛，长势强壮，青果带绿肩，成熟后粉红色，圆形略高，

图 3-2-41 粉丹罗 F1 此图片承蒙寿光市朝阳种苗推广中心提供

单果重 80~130 克, 酸甜浓郁, 风味极佳, 口感介于草莓与番茄之间, 品尝后令人回味无穷, 糖价 12 度左右, 适合全国各地及采摘园种植, 特别是东北地区（图 3-2-43）。

图 3-2-42　穗收红罗曼 F1 此图片承蒙寿光市西方种苗有限公司提供

图 3-2-43　草莓果 F1 番茄 此图片承蒙寿光市友贤种业有限公司提供

图 3-2-44　西方 105F1 此图片承蒙寿光市西方种苗有限公司提供

（三）紫色、绿色中果型品种群，例如：

44. 西方 105 F1

无限生长，长势旺盛，单果重 110~130 克，咖啡色，硬度好，口感好，产量高，高抗病，适应性强。可于保护地及露地栽培（图 3-2-44）。

45. 黑珍珠 1 号 F1

黑珍珠 1 号 F1 为中型果杂交 1 代番茄良种，果实紫黑色，圆卵形，平均单果重 100 克左右，果实硬度大，口感好。植株无限生长型，长势强劲，连续结果性能强，一般每穗坐果 6~12 个。

抗 TY 病毒（番茄黄化曲叶病毒）病，适宜于棚室保护地早春茬、春夏茬、秋延茬和越冬茬栽培，亦适于露地栽培。

一般成串采收（图 3-2-45）。

图 3-2-45 黑珍珠 1 号 F1 此图片承蒙寿光市宏伟种业有限公司提供

46. 黑贵妃

无限生长，杂交一代，植株长势强壮，果实圆型，略高，成熟果黑褐色，平均单果重 150 克左右，每穗 5~8 个果，萼片伸展，硬度好，耐运输，果实黑色素含量极高，是稀有的保健番茄品种（图 3-2-46）。

47. 绿罗曼 F1

无限生长型，早熟，幼果绿色，成熟果浅绿色，猕猴桃口味，

图 3-2-46 黑贵妃 此图片由寿光市友贤种业有限公司提供

图 3-2-47 绿罗曼 F1 此图片承蒙寿光市大青种业有限公司提供

糖分 14% 左右，抗裂，抗高温，抗 TY 病毒病，单果重 50~80 克，单穗果 16~20 个，产量高，存放期 20 天左右，适合采摘园和有机蔬菜栽培（图 3-2-47）。

48. 绿宝石 F1 绿色带包皮稀有番茄品种

公民最新引进的绿色带皮番茄，果实翠绿色，外包一层皮，单果重 150~200 克，口感极佳，综合抗病性强，硬度好，耐储运，适合采摘示范园区及家庭阳台栽培种植（图 3-2-48）。

图 3-2-48　绿宝石 F1 此图片承蒙山东·济南沃尔富斯农业科技有限公司提供

49. 维持香蕉番茄 F1

此香蕉番茄为杂交 1 代种，植株无限生长型，长势旺盛，属香蕉果形类型，平均单果重 80 克左右，长度 10~12 厘米，成熟最后转为鲜红色，作水果食，口感好，连续结果性强，综合抗病性好，适应性强，适于棚室保护地一年四季栽培和露地栽培（图 3-2-49）。

图 3-2-49　维特香蕉番茄 F1 此图片承蒙寿光市维特种业有限公司提供

图 3-2-50　春桃 F1 此图片承蒙寿光市金秋种业开发中心提供

三、桃、李、花生形番茄品种

（一）红、粉红果品种群

50. 春桃 F1

特性：果型为桃型，果色桃红色，植株高性，较耐寒；平均单果重 50 克左右，果型优美，品质好，糖度高。

栽培要点：选地势较高，排水良好，土层浓厚肥沃，日照充足，通风良好之地栽种，多施磷肥可提高糖度；栽培时必须插立支柱，以双干整枝为原则，待第一个果实转色时，应控制施用氮肥并节制灌水，以提高糖度，减少裂果的发生；注意结果期间勿施激素，以免果脐过长，影响产品外观（图 3-2-50）。

51. 花生番茄

植株无限生长，果实长椭圆型，在低温、特殊环境下呈花生形状，颜色深红靓丽，单果重 20~25 克，肉质细致，风味甜美，糖分 10 度以上，萼片伸展美观，抗病性能强，是适于我国北方地区种植的特殊水果小番茄（图 3-2-51）。

52. 粉桃番茄

无限生长型桃状小番茄，植株生长旺盛，连续坐果能力强，花芽分化多，每穗 8~15 个，果实顶部有凸尖，桃红色，单果重 40~50 克，硬度高，耐裂，口感好，适宜长途运输，高抗 TY 病毒（番茄黄化曲叶病毒）病，抗叶霉病和根结线虫病，于保护地一年四季均可种植（图 3-2-52）。

图 3-2-51　花生番茄　此图片承
蒙寿光友贤种业有限公司提供

图 3-2-52　粉桃　此图片承蒙寿光市友
贤种子有限公司提供

（二）紫色果品种群

53. 黑娇女 F1

黑娇女 F1，为果实呈紫李果形的杂交 1 代番茄良种，植株无限
生长型，平均单果重 50 克左右，果色紫黑油亮，似成熟的紫李果，
糖度高，风味独特，别具一品。硬度大，耐储运，上下花序结果整
齐，商品性好。适宜于棚室保护地一年四季栽培和露地栽培。注意，
秋茬和秋延茬栽培注意及时防治 TY 病毒病（图 3-2-53）。

54. 紫星 F1

杂交一代，樱桃番茄，植株无限生长，长势旺盛，果实长卵形，
成熟果紫红底面镶嵌绿色条纹。单果重 25~30 克，口感好，品质佳，
风味浓郁，适合保护地栽培（图 3-2-54）。

图 3-2-53 黑娇女 F1 此图片承蒙寿光市晓勇种业有限公司提供

图 3-2-54 紫星 F1 此图片承蒙寿光长兴种苗有限公司提供

（三）黄色、绿色果品种群

55.金桃1号

呈桃子形小果番茄，杂交一代种，植株无限生长型，生长势强，平均单果重40克左右，成熟果实明黄或橙光色。中早熟不早衰，可成穗采收。作水果食，也可作蔬食。抗TY病毒病，果硬，耐储运，货架期较长。适于棚室保护地一年四季栽培，注：果脐尖凸程度根据当地气候实际为准（图3-2-55）。

图 3-2-55 金桃1号 此图片承蒙寿光宏伟种业提供

56.绿翡翠

为新一代水果番茄杂交种，植株无限生长型，长势旺，花序多，坐果率高，不裂果，货架期长，平均单果重50克左右，成熟果洋梨形，翡翠绿色，口感好，风味独特，香味浓郁。耐 TY 病毒病（耐番茄黄化曲叶病毒病）。适合于棚室保护地一年四季栽培（图 3-2-56）。

图 3-2-56　绿翡翠　此图片承蒙寿光宏伟种业有限公司提供

四、樱桃型番茄品种

（一）红色和粉红色樱桃番茄品种群

57. 粉小丫 F1

特征特性：本品种是敝公司从台湾引进并独家代理推出的最具市场价值的粉色樱桃番茄珍品。植株旺盛，无限生长，有较强的抗病及耐病能力，种植范围广，花序密而长，坐果容易，不易出现畸形果及裂果，果穗果实排列规则匀整，椭圆形，每穗可结15~31果，单果重 20~25 克，果色桃红（美丽的粉色），有光泽，亮丽鲜美，果实硬度大，口味佳，产量极高，商品性好，是一个市场喜爱的优秀耐储运良种（图 3-2-57）。

图 3-2-57　粉小丫 F1 此图片承蒙山东寿光三木种苗有限公司提供

58. 红玫瑰 F1

红玫瑰为迷你红果番茄杂交一代良种，植株无限生长型，长势强劲，叶片中等大小而略稀疏，先端垂；果实卵圆形，深红色，果萼厚大而美观，果肉硬度大，不易裂果，耐储运，上下穗坐果均匀，每穗果大小均匀一致，几乎同时成熟，便于成穗采收。平均单果重 22 克左右，糖度 ≥ 10 度，口味佳。抗 TY 病毒病，耐叶霉病、灰霉病，适宜于棚室保护地一年四季栽培和露地常规栽培（图 3-2-58）。

59. 红圣

植株高半停心型，复总状花序，每穗2~3条花序分枝，故单穗结果颇多，长势旺盛，不早衰，单果重18~23克，果实短椭圆，颜色深红有亮度，萼片伸展不卷曲；口感好，糖分高，皮厚抗裂；耐低温，耐高温，高抗TY病毒（番茄黄化曲叶病毒）病，产量高；于棚室保护地一年四季均可栽培（图3-2-59）。

60. 红福 F1

无限生长小番茄，一代杂交良种，植株生长健壮；复总状花序，每花序坐果25~35个，成熟后果实鲜红色，短椭圆或高球型，单果重20~28克，果实硬度好，耐储运，萼片肥厚浓绿，高温坐果好，低温无畸形；高抗TY病毒（番茄黄化曲叶病毒）病和叶霉病，产量丰高。适宜于棚室保护地一年四季栽培，也宜露地常规栽培（图3-2-60）。

图 3-2-58 红玫瑰 F1 此图片承蒙山东寿光市万盛种业有限公司提供

图 3-2-59 红圣 此图片承蒙寿光市友贤种业有限公司提供

61. 农禧 F1

粉果樱桃番茄，为新育成的杂交一代新品种，植株生长势旺盛强健，坐果能力强，抗TY病毒病，果实椭圆形，平均单果重22克左右，萼片平展，果形外观漂亮，不易裂果，成熟果粉红色，口感好，耐储运，产量高。适于棚室保护地一年四季栽培。（图3-2-61）。

62. 粉贝玲 301F1

无限生长型，植株长势旺盛，坐果能力强，果实圆球形，成熟果粉红色，单果重20~35克，硬度高，萼片伸展美观且不易脱落，花穗整齐，产量高，耐储运。抗TY病毒病、枯萎病、黄萎病等病害。适合春秋和越冬保护地栽培，为市场潜力较大的品种（图3-2-62）。

图 3-2-60　红福 F1　此图片承蒙寿光市友贤种业有限有公司提供

图 3-2-61　农禧 F1　此图片承蒙山东省寿光市顺达种业有限公司提供

图 3-2-62　粉贝玲 301F1 此图片承蒙山东·济南沃尔富斯农业科技有限公司提供

63. 红彤

高抗 TY 病毒病的红色小番茄，植株高自封顶型，长势旺盛。果实椭圆形，成熟果鲜红色，平均单果重20克左右，萼片平展，果穗长，产量高，耐储运性强，是目前极具市场潜力的红色小番茄品种之一（图3-2-63）。

64. 金公主 F1

无限生长型，一代杂交种，生长势强，根系发达；复总状花序，每花序坐果数多，达 20~30 个；果实短椭圆型，颜色桔黄靓丽，单果重 25~28 克，果皮厚，不裂果，无畸形、无绿肩；耐叶霉病，高抗 TY 病毒（番茄黄化曲叶病毒）病，适合露地和各种保护地栽培（图 3-2-64）。

65. 鑫币 F1

台湾引进的高档黄色杂交一代小番茄杂交一代种，植株无限生长型，生长势强健；果实椭圆形，平均单果重 22 克左右，风味佳，糖度一般为 8.5 度，最高可达 11 度。不易裂果，抗病性强，硬度好，耐储运（图 3-2-65）。

（二）樱桃番茄紫色果品种群

66. 黑圣女 F1

植株无限生长型，主茎 7~8 片叶着生第一花絮，中早熟，每

图 3-2-63　红彤　此图片承蒙山东省寿光市顺达种业有限公司提供

图 3-2-64　金公主 F1　此图片承蒙寿光市友贤种业有限公司提供

穗结果 6~10 个，果实长卵型，带突尖，未成熟果果面上嵌有绿色条纹，平均单果重 35 克左右，口感风味独特，沙甜可口，商品价值高，是保护地特色番茄生产中的佳品（图 3-2-66）。

图 3-2-65 鑫币 F1 此图片承蒙山东·济南沃尔富斯农业科技有限公司提供

图 3-2-66 黑圣女 F1 此图片承蒙寿光市友贤种业有限公司提供

67. 五彩小番茄 F1

极早熟品种，五彩迷你番茄，植株无限生长型；第一花序着生于 6~8 叶之间，每花序坐果 15~25 个；果实圆球形，脐部微高，成熟果实紫黑色，嵌有暗绿、暗红、暗黄、黑色条纹，平均单果重 20 克左右，成熟后可成穗采收。适于保护地和露地栽培（图 3-2-67）。

（三）樱桃（迷你）番茄绿色、白色品种群

68. 绿宝石 -30F1

绿宝石 F1 此图片承蒙寿光市友贤种业有限公司提供杂交一

图 3-2-67 五彩小番茄 F1 此图片承蒙寿光市晓勇种业有限公司提供

代，无限生长型，绿果小番茄新品种；果实长椭圆形，单果重 20~25 克；品质优秀，口感好，生长势强；适宜保护地和露地栽培（图 3-2-68）。

69. 绿珍珠 F1

植株无限生长，长势旺盛，花序多，根系发达。高抗叶霉病。果实正圆型，成熟果实绿色，单果重 30~40 克，口感好，硬度适中；产量极高，一年四季皆可于棚室保护栽培，也宜于露地常规栽培（图 3-2-69）。

图 3-2-68　绿宝石 -30F1　此图片承蒙寿光市友贤种业有限公司提供

70. 水晶番茄 F1

水晶番茄为最新樱桃型番茄杂交一代良种，植株无限生长型，

图 3-2-69　绿珍珠 F1　此图片承蒙寿光市友贤种业有限公司提供

图 3-2-70　水晶番茄 F1　此图片承蒙寿光市晓勇种业有限公司提供

生长势强，适应性强，耐热，耐寒，耐湿，耐旱，容易栽培。成熟果实乳白色，近于透明，口感酸甜，具独特风味，平均单果重15克左右，糖度13.6%，每穗结果18~36个；一般每亩棚田，每茬次产7 500千克左右，可串收。适于棚室保护地早春茬、越夏茬、秋延迟茬、越冬茬栽培。也可周年或多年栽培及露地常规栽培（图3-2-70）。

第三节　番茄优良品种选用

一、因生产和销售产品制宜，选用优良品种

供作蔬食，宜选择用的优良品种

一是因栽培季节茬次制宜，选用适应季节气候的品种。棚室保护地越夏茬栽培要选用特别耐高温（35~37℃）的品种；而越冬茬栽培必须选用耐低温（8~10℃）的抗寒性强的品种。

二是因抗病、虫害制宜，选用抗病品种。在棚室蔬菜集中产区，番茄越夏茬和秋延茬栽培，必须选用抗TY病毒病的品种，而在多年连作棚田，要依据土传病害的发生情况，选用抗根结线虫病，或抗黄萎、枯萎病，或抗各种根腐病的品种。

三是因高产栽培或早熟栽培制宜，选用优良品种。例如：全年栽培创高产，应选用植株无限生长，生长势和抗逆性、适应性都强的中晚熟优良品种；而早熟栽培应选用早熟、植株自封顶型或植株无限生长而前期产量高的品种。

四是因产品出口远销制宜，选用耐储远和货架期较长的品种。订单出口大果番茄。一般宜选用亮红大果品种；出口樱桃番茄等小果番茄，宜选用同穗果实成熟期一致，果型椭圆的品种，如"圣女"系列、"千禧"系列品种都耐储运抗裂果。为了采收番茄小果时省工，还可选用适合"串收"和"穗收"的品种。

五是因种植采摘园制宜，选用各类变种品种群中具代表性的品种，务求品种齐全。

二、量大精选，优中选优

目前我国种植的番茄品种繁多。据不完全统计，我国棚室蔬菜集中产区山东省寿光市的 500 余家种子、种苗销售单位，所持番茄优良品种（主要是杂交一代种）达 2 000 余个。而本章第二节例举的有照片和文字说明的番茄优良品种仅 70 个。因此，要做好选用番茄优良品种的业务，只有深入到种子、种苗市场，了解品种信息，才能做到对番茄品种量大精选，优中选优，选得与生产和销售制宜的优良品种。

第四章　番茄棚室保护地栽培技术

第一节　番茄穴盘育苗和营养钵技术

目前，培育番茄适龄壮苗的方法可分为工厂化穴盘育苗和棚室内营养钵苗床育苗。两者又各分为培育自根苗和培育嫁接苗。

一、番茄工厂化穴盘育苗技术

工厂化穴盘育苗是在大型连栋温室和日光温室（冬暖塑料大棚）内以不同规格的专用塑料穴盘做容器，用草炭、蛭石、珍珠岩等轻质土材料作基质，通过一次一粒精量播种，覆盖、浇水等一次性成苗的现代化育苗技术体系。

利用大型连栋温室穴盘育苗，是国际上于 20 世纪 70 年代发展起来的一项新技术。80 年代中期我国从美国引进该项技术后，推广初期，因连栋温室的光、温、水、气等调节系统设备缺管配套，不适用于冬季和早春育苗，只适于仲春后、夏季和秋季育苗。后来，组合上我国大面积推广采用的冬暖塑料大棚（日光温室）和拱圆形塑料大棚（大拱棚），并于连栋温室内安装上调节温度、湿度的设备，形成了一年四季均适合正常育苗的大型组合式工厂化育苗设施（如图 4-1-1），称其为工厂化集约育苗，菜农多称其为蔬菜穴盘育苗。随着工厂化穴盘育苗的作物种类和育苗规模的日益扩大，已成为当今蔬菜园艺作物育苗的主要方式。大型连栋温室、日光温室、大拱棚组合和精量播种生产线的引进，极大地促进了我国穴盘育苗技术的发展。

（1）PO膜圆拱型连栋温室

（2）PC板文洛连栋温室

（3）冬暖塑料大棚内冬季和
早春番茄穴盘育苗的场景

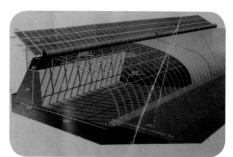

（4）无立柱、钢管拱架冬暖塑料大棚（日
光温室）穴盘育苗的内、外形

图4-1-1 连栋温室

以上4张图是我国北方地区组合的一年四季均宜穴盘育苗的
大型工厂化育苗设施。

（一）番茄穴盘育苗的优点和缺点

番茄穴盘育苗有如下四大优点。

一是基质的容重轻，穴盘苗坨重仅40克左右；且保水能力强，
根系缠绕基质根坨，使之不易散坨；所以，既适于远途运输，又
定植时不伤根，没有缓苗期（图4-1-2和图4-1-3）。

二是工厂化穴盘育苗节省人力物力，与常规育苗相比，成本
降低30%~50%。

三是可以机械化移栽，移栽定植效率提高4~5倍。

四是番茄属短日照作物，反季节栽培于夏伏期育苗，往往因日照时间过长（13~14 小时）而影响花芽分化；而采用穴盘育苗，便于集中实施短日照处理（昼间每天上午严封闭，遮光 3~4 小时）和夜间降温，加大昼夜温差，促进苗期花芽分化，从而育成生长与发育相协调的健壮苗子，提高产量，尤其显著提高前期产量。

　　穴盘育苗的缺点是培育的苗子较小（与常规育苗相比），定植后的苗期长。

图 4-1-2　温室内穴盘育的番茄苗，有自根的，也有嫁接苗，均可取苗盘装箱装车，远途运输

图 4-1-3　番茄苗的根系缠绕基质苗坨，定植不伤根

（二）播种前的准备事项

1. 准备穴盘

　　蔬菜穴盘育苗常用穴盘 9~11 种，有 18 孔、21 孔、32 孔、50 孔 -1、50 孔 -2，72 孔、105 孔、128 孔、平盘（图 4-1-4）其规格均为 54.9 厘米 ×27.8 厘米。

　　要因育番茄苗的标准制宜选用穴盘，培育 4~5 片真叶大小的番茄苗，宜选用 98 孔或 105 孔的穴盘，培育 5~6 片真叶大小的苗宜选用 50 孔或 72 孔的穴盘；培育 6~7 片真叶大小的苗，以选用50孔 -1 穴盘为宜。如果计划先育成籽苗，然后分苗移载，育籽苗应选用平盘或128孔穴盘，移载籽苗时宜选用50孔 -2 或72孔的穴盘。如果要将移栽的籽苗培育成7~8 片真叶的大壮苗，则需用32孔的穴盘。

图 4-1-4　目前蔬菜穴盘育苗常用塑料穴盘的规格

2. 育苗床架床面的设置

设置育苗床架和床面，有利于提高育苗穴盘的温度，保持基质的通气性，防止苗子的根从穴盘底部的孔中扎出和扎入砖铺地面的缝隙中（图 4-1-5 和图 4-1-6）

图 4-1-5　穴盘放置于高度适合的苗床架上，育苗穴盘底下扎不下根来

图 4-1-6　没有苗床架，穴盘底下不通风，苗子的根系从盘底孔中扎出，有的扎入砖铺地面缝隙中

苗床架的高度，一般 60~80 厘米。冬春育苗可适当高些，夏秋育苗，可以稍低些，床面有拆装式、固定式，要因地制宜，本着实用、节省、方便，利于育苗就可以。为节省空间，大型育苗场多采用滚动式育苗床架（图4-1-7）。一般架高60厘米左右。小型育苗场多采用简易育苗床架（图4-1-8）。

图 4-1-7　滚动式育苗床架

图 4-1-8　正在搭建的简易育苗床架

3. 催芽室和催芽室内的设备

催芽室是为促进种子发芽出土的设施，也是工厂化规模育苗必不可少的设备之一。大型育苗场都有专门的催芽室（图4-1-9）。催芽室也可以温室内设置（图4-1-10）。

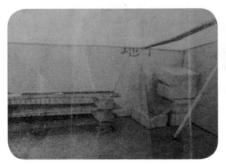

图 4-1-9　专设的穴盘育苗的催芽室

图 4-1-10　在育苗温室内设置的催芽室

催芽室可用于大量种子浸种后催芽，也可将未催芽而播种的育苗穴盘放置于催芽室内催芽。待种子50%~60%拱土时，再移出。

建造催芽室应考虑以下几个问题：一是催芽室要与育苗规模相匹配；二是专设置的催芽室要与育苗温室的距离尽可能近些，

三是催芽室要有较好的保温性或安装上空调加温调温，昼温维持在 30~35℃，夜温不低于 20℃；四是催芽室内应设置上苗盘架（图 4-1-11）和干湿温度计；五是播种后的苗盘可错开摞放在苗盘架上以节省使用空间和能源（图 4-1-12）。倘若催芽室内无苗盘架，只能低矮堆放着催芽的苗盘（图 4-1-13），则空间利用率低，苗盘温度、湿度也不够一致；六是催芽室内应配备水源，当催芽室内空气湿度不足时，可以向苗盘和地面喷水，以保持较高的空气湿度（图 4-1-14）。

图 4-1-11　在催芽室内设置的苗盘架和干湿温度计

4. 基质的选用和配比

目前，使用的基质主要成分为草炭、珍珠岩、蛭石（见图 4-1-15）。草炭的主要功能是保证幼苗生长所需的有机质，应选用纤维多的浅层草炭为好；深层草炭或者重金属含量过高的草炭不能用，以免造成肥害；使用珍珠岩的目的是增加根系的通透性；蛭石的主要作用是保持基质的湿度。

目前，在基质材料选用上，选用草炭以进口的丹麦口氏泥炭、德国克拉斯曼、福洛伽等公司生产的白草炭、黑草炭均为上乘。

图 4-1-12 在催芽室内错开摞放的已播上种的苗盘

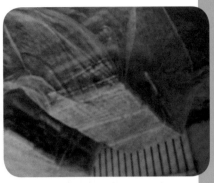

图 4-1-13 无苗盘架，只能低矮堆放着播种后的苗盘催芽

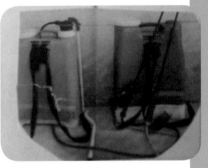

图 4-1-14 大型育苗场，使用自动化灌溉喷水系统喷洒水，而小型育苗温室、催芽室内，多用喷雾器喷洒水

草炭

珍珠岩

蛭石

图 4-1-15 珍珠岩基质的主要成分

图 4-1-16 劣质草炭内含有大量草籽，草比番茄苗等菜苗生长快而大，严重抑制蔬菜苗的正常生长

国产草炭可选用熊猫牌、喜兔牌、华美牌、嘉禾牌、佳和牌等品牌为好。对于不熟悉的品牌，在使用前必须作检测和实验。好的草炭必须达到疏松透气，保水保肥，无虫、无病菌、无草籽（图 4-1-16），具有一定的基础营养，且有较好的固定植株作用。草炭的各项合格指标一般为：容重 0.3~0.5 克 / 立方厘米，总孔隙度 65% 左右，通气孔隙度 15%~25%，持水力 100%~130%，pH 值 5.6~6.5，无细菌、无虫卵、无杂草籽等有害物质。

　　基质的合理配比是育成壮苗的重要环节。如选用 55%~70% 的优质草炭，20%~25% 的珍珠岩，5%~10% 的蛭石，5%~10% 的陶粒。陶粒的主要作用是提高离子交换性能，这一比例混合的基质，是比较理想的。不同作物和不同季节育苗，所需的基质配制比例略有不同，一般番茄、茄子于夏季和秋季育苗，按草炭：珍珠岩：Z 为 7：2：1 的比例为宜；而冬季和早春育苗则按草炭：珍珠岩：蛭石以 6：3：1 的比例为宜。配制基质的技术性很强，如图 4-1-17 所示，山东林泉科技有限公司在配制的基质中添加了有机物料发酵菌种、麸皮、磷肥等，育成的番茄嫁接苗和自根苗都比较健壮，到 6~7 片真叶期株形呈倒三角形，十分健壮。我国台湾省大汉科技有限公司的沃松牌专业育苗基质，在配制上突出

图 4-1-17　用添加了有机物发酵菌种、麸皮、磷肥的基质育成的番茄苗

掌握了未压缩而疏松。其理化性质平衡、添加物质掺混均匀，未经压缩而质地松软、结构稳定、疏松透气，保水保肥力强，再湿性佳，从而用此基质培育番茄苗，发根快，茎秆粗，叶片厚（图4-1-18），定植后发根快，基本不缓苗。

图4-1-18 沃松牌基质育成的番茄苗，根系发达，4~5片真叶期根已生长满苗索，茎秆比较粗，叶片厚的实景

寿光菜农自己配制基质时，按上述草炭、珍珠岩、蛭石的比例配制后，再每1米³加入氮、磷、钾含量各为15%的三元复合肥肥1.0~1.2千克或加入尿素和磷酸二氢钾各1.2千克，将肥料用水完全溶解后喷洒在基质上，调和翻拌，或采用基质搅拌机（图4-1-19）搅拌，使肥料在基质中掺混均匀。用此方法配制的基质，目前使用较普遍，育成的番茄苗亦普遍良好。

5.基质的用量和消毒

（1）基质的用量。规格不同的穴盘容纳的基质数量不同，尤其在小批量播种

图4-1-19 基质搅拌机

育苗时，需要在装盘前计算好。由于不同公司生产的基质容重有差异，所以在育苗行业内都习惯用容积升作计算单位，每个穴盘装基质量一般按：每个 50 孔穴盘 6.1 升基质，每个 72 孔穴盘 4.7 升基质。每个 105 孔穴盘 4.3 升基质。每个 128 孔穴盘 3.8 升基质来计算和准备。

（2）基质的消毒。进口基质已经过消毒处理（图 4-1-20），可直接预湿后装穴盘。而国产基质在预湿时加灭菌剂，可每 1 米^{3}基质中加入 75% 百菌清可湿性粉剂 200 克，或 50% 多菌灵可湿性粉剂 150~200 克，结合基质预湿均匀混拌其中。

图 4-1-20　进口基质 - 麦克斯凯

6. 育苗室和穴盘消毒

对育苗温室、催芽室内的设施消毒，一般每 667 米^{3}的容积内，采用高锰酸钾 1.65 千克，甲醛 1.65 千克，白开水 8.4 千克，先将甲醛加入开水中，再加入高锰酸钾，产生烟雾反应，严闭温室 48 小时消毒，待气味散尽后，即可使用。

对穴盘、刮板、压穴器的消毒，用高锰酸钾 1 000 倍液刷洗（图 4-1-21）或用 40% 福尔马林 100 倍液浸泡穴盘 15~20 分钟，然后在上面覆盖一层塑料薄膜，闷闭 7~8 小时后揭开，再用清水冲洗干净，同时对播种使用的工具也用同样的方法进行消毒。

图 4-1-21　（1）用高锰酸钾对穴盘消毒；（2）和（3）用福尔马林 100 倍液对穴盘消毒；（4）用喷灌系统对温室内消毒

（三）番茄穴盘育苗播种工序及苗期管理

1. 棚室保护地番茄各栽培茬次的播种期

番茄工厂化穴盘育苗，不仅不同茬次的播种期不同，就是同一栽培茬次的育苗，因要求的苗龄大小不同，而播种期也不同。目前在山东棚室蔬菜集中产区，绝大多数种苗专业公司番茄穴盘育苗的不同苗龄的播种、定植期见表 4-1 所示。

表 4-1 山东寿光番茄工厂化穴盘育苗各栽培茬次的播种期、定植期

栽培茬次	苗株叶数	苗盘穴数	播种期（旬/月）	苗日龄（天）	定植期（旬/月）
早（冬）春茬	4~5	95	下/11—下/12	45~50	上/1—上/2
	5~6	72	中/11—中/12	50~55	上/1—上/2
	6~7	50	上/11—上/12	55~60	上/1—上/2
越夏（伏）茬	4~5	95	上/3—中/3	45~50	中/4—下/4
	5~6	72	下/2—中/2	50~55	中/4—下/4
	6~7	50	中/2—下/2	55~60	中/4—下/4
秋延（冬）茬	4~5	95	下/6—上/7	45~50	上/8—中/8
	5~6	72	中/6—下/6	50~55	上/8—中/8
	6~7	50	上/6—中/6	55~60	上/8—中/8
越冬茬	4~5	95	上/9—中/9	45~50	中/10—下/10
	5~6	72	下/8—上/9	50~55	中/10—下/10
	6~7	50	中/8—下/8	55~60	中/10—下/10

注：表中所列播种期和定植期，是指在位于北纬 36°41′~37°9′，东经 118°32′~119°10′ 的山东省寿光市棚室蔬菜产区的，如果在北纬 38°~42° 地区育苗，播种期应当提前，苗龄期延长，而在北纬 32°~35° 地区育苗，播种期应当推后，苗龄期相应地缩短，倘若采用嫁接育苗，其砧木的播种期应根据砧木种类，播种期要比接穗适当提前。因此，表中所列的播种期和定植期，仅作参考。

2. 用种量的计算和种子处理

种子包装袋上都标示着千粒重、发芽率等种子质量标准，可依据其质量标准计算出用种量。

计算式为：用种子数量（克）=需苗株数/发芽率/出苗率/死苗率/1 000×4 粒重（克）

一般需种子量（粒数）是需苗株数的 1.2~1.5 倍。

番茄的包衣种子（图 4-1-22），可直接播种。未包衣的毛种子，要先精选，再浸烫，将种子放入 50~55℃水中，不停地搅拌 25~30 分钟后，停止搅拌，再持续浸泡 2~3 小时后，捞出。为预防番茄发生髓枯病、青枯病、溃疡病、角斑病等细菌性病害，用高锰酸钾 1 000 倍液浸种 20 分钟（图 4-1-23）。然后捞出来，用 50% 多菌灵可湿性粉剂拌种（图 4-1-24）。以防治番茄多种真菌性病害。

图 4-1-22 番茄包衣种子　　图 4-1-23 温水烫番茄种子和用高锰酸钾 1 000 倍液浸泡番茄种子　　图 4-1-24 用 50% 多菌灵可湿性粉剂拌种防治多种真菌性病害

3. 基质的预湿、装盘、压穴

（1）基质预湿。基质装穴盘前，须预湿，预湿基质加水多少，达到怎样的湿度是整个番茄育苗过程中至关重要的技术措施。加水少，则基质过于蓬松，装盘时装的过少，浇水后基质下陷太深（图 4-1-25），给中后期水肥供应增加难度，根系生长范围小，

图 4-1-25 基质太干，浇水后严重下陷

苗子生长不够壮旺。基质加水过多，则湿度过大而紧实，装盘时用料多，播种后穴内基质膨胀过满，秧苗易发生根系生长串穴（图4-1-26）。适宜基质湿度是掌握：基质加水经调拌均匀后，用手紧攥成团而不形成水滴（图4-1-27）。堆置2~3小时，使其充分吸足水分后，看上去，颜色变深，有些湿润。如此预湿的基质含水量为60%~70%。

图4-1-26 基质过湿装料过多，基质膨胀满穴，秧苗根系串穴

图4-1-27 预湿的适宜湿度的基质

（2）基质装盘（图4-1-28）。将配好和经过消毒预湿的基质，方可装入穴盘中，装盘时应注意不要用力压实（这一点特别重要）。因为压实后基质的物理性状受到破坏，使基质中空气含量和可吸收物质的含量减少。正确的方法是用刮板从穴盘的一方刮向另一

图4-1-28 作业人员在做基质装盘

方，使穴盘的每个穴都装满基质，尤其是四角和盘边的穴，一定要与中间的穴一样。基质不能装得过满，刮平后各个格室应能清晰可见（图4-1-29）。

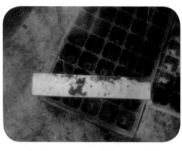

图4-1-29　用刮板刮平后各个方格清晰可见

（3）基质压穴。装好基质的穴盘要随机压穴。压穴器的规格与穴盘的规格相对应，即多少孔的穴盘，使用多少凸的压穴器压穴（图4-1-30）；也可将装好基质的穴盘垂直码放一摞，上面放几只穴盘，用手通过平板在盘上均匀压至达到要求的深度为止。具体压穴深度应因播种作物制宜，一般大粒种子压穴深，小粒种子压穴浅。番茄播种的压穴深度在0.4~0.5厘米（图4-1-31）。若用压穴器（图4-1-32）压穴，则既压的深度标准，又能提高功效。

  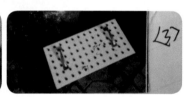

（1）用于72孔穴盘的压穴器；（2）用于105孔穴盘的压穴器（3）72孔穴盘的压穴器在有手把的一面

图4-1-30　压穴器

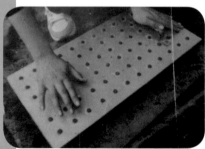

图4-1-31　用压穴器双手压穴

图4-1-32　用压穴器压穴

4. 精量播种

用上口大的硬质塑料杯作播种杯或用旧易拉罐作播种杯，将种子倒入播种杯，众操作者分组坐在矮桌边手捏番茄种子，逐穴播种（图 4-1-33），每穴播 1 粒种子，播种于穴中央，挨行挨穴播种。并注意不要漏播而造成空穴，也不要重播或播种多粒种子而造成多株苗。为便于补苗填空穴，可手播种时特别播种上预备苗。例如，播种 100 只 50 孔的穴盘，需用 2~3 只 72 孔的穴盘播种预备苗。播种深度 0.4~0.5 厘米。

（1）将番茄种子倒入播种杯；（2）和（3）作业者，分组坐在矮桌边精量播种番茄

图 4-1-33　精量播种番茄

用播种机播种（图 4-1-34），每小时可播种 1.8 万穴左右。效率是人工点播的 3~4 倍。

规模大的穴盘育苗场，因商品苗种类多，品种更繁多，育苗量大，在播种的同时必须有专人负责做好记录（图 4-1-35），将苗盘编号，贴上标签。

播种后的穴盘

（1）用 KT 气式穴盘专用播种机播种；（2）用播种机播种后的穴盘

图 4-1-34　用播种机播种番茄

5. 覆盖

冬春两季播种番茄，宜覆盖蛭石，而夏秋两季宜覆盖珍珠岩。蛭石可直接使用，而珍珠岩因为粉尘太多，宜加水调湿润后再用（图4-1-36），覆盖后用刮板刮平（图4-1-37），使各个穴孔中的基质无相连之处。避免因穴盘基质相连，造成秧苗串根。

图 4-1-35　专人负责做好穴盘育苗的记录，贴上标签

图 4-1-36　将珍珠岩加水调湿润后，覆盖已播种的穴盘

图 4-1-37　覆盖珍珠岩或蛭石后用刮板刮平

6. 催芽

将播种覆盖好的番茄穴盘进行催芽。催芽可在催芽室内进行，也可在温室内苗床上进行。主要依据哪里能更容易提供 25~30℃的条件。一般冬春两季多在催芽室内催芽，而夏秋两季多于温室内苗床上催芽，无论在哪里催芽，首先对覆盖后的穴盘喷水（图4-1-38）。若是在冬季于苗床上催芽，要盖上塑料薄膜保温。夏季于催芽室内催芽时，穴盘不可

图 4-1-38　对覆盖后的穴盘喷水

堆放得过高，并随时用遮阳网遮光降温。催芽48小时后，每日抽查两次穴盘，检查基质湿度，观察种子萌发情况，必要时调换穴盘摆放的位置。当发现有苗拱出，立即将该批穴盘搬置温室内苗床上进行管理（图4-1-39）。

（1）刚出的番茄苗；（2）搬到苗床上的番茄苗盘

图4-1-39　将有苗拱出的穴盘搬置温室内的苗床上管理

7. 苗床管理

（1）前期管理。在秧苗叶片布满苗床之前为前期。通过幼苗期浇水，诱导根系在穴内基质中均匀分布，抑制下胚轴生长得过高，要准确观察穴盘表层基质和深层基质的颜色深浅，色深粒紧是含水多而色浅粒散是缺水（如图4-1-40）。

在夏季高温干旱天气育苗时，基质蒸发水分量大，番茄刚出苗遇到旱情时，可轻洒浇水。从子叶展平到1片真叶期，晴日每天轻洒1次水；阴天则不浇水。1~2片真叶期，每天喷洒水1次，保持基质上面见湿也见干（图4-1-41）。从两片真叶到成苗期，不仅浇水要与追肥相结合，而且要轻浇水与重浇水交替轮换进行掌握苗盘内基质的含水是在60%~90%范围内波动。控制水在穴孔中均匀分布，水诱导根系布满全穴（图4-1-42），最后形成"抱团"盘坨的效果。如果前期轻浇水时，穴内总是上部水多下部水少，自然下部因水少而根也少，且根系易发黄色。如果每次浇水都浇透，则上部干的快，底部持水时间长，必须底部根多，而上部因干旱而根少（图4-1-43）。因此，在前期浇水时，要做到小水与大水交替轮换。

（1）色深粒紧，表明含水多；（2）色浅粒散表明缺水。要根据基质湿度、天气晴阴、秧苗大小和生长状况等来确定浇水间隔天数和各次浇水量。在番茄的子叶展平之前，一般不浇水

图4-1-40　穴盘内基质颜色深浅

图4-1-41　番茄1~2片真叶期，每天喷洒1次水，保持基质上面见湿也见干　　图4-1-42　番茄苗根系布满全穴基质

　　在基质中掺有多元素化肥的基础上，番茄育苗前期一般不追肥。子叶展平至1片真叶期一般不追肥。若追肥应以含钙量高而含氮量低的肥料较好。在1~3片真叶期，若观察到秧苗叶色欠绿、欠光泽时，可结合洒水喷洒磷酸二氢钾1 000~1 500倍液。

图4-1-43 苗坨底部根多，而上部根少

在番茄1~3片真叶期是抑制徒长，促进壮长的最佳时机。在浇水湿透基质12小时后，喷洒助壮素（甲哌鎓）水剂750~1 250倍液，掌握每个穴盘喷药水7~8毫升。注意：施用抑制剂在水肥料浓度上可比通常增加30%左右。

（2）中后期管理。管理的目标是在确保花芽分化。良好的前提下，充分利用光热资源，增加秧苗的生物量，尽快成苗。管理措施如下。

温度调节：冬春低温期，采用电热加温湿器和暖气片等增温设施增温（图4-1-44），使苗期达到昼温20~24℃，夜温14~18℃，若在冬暖塑料大棚（日光温室）内育苗，冬季的昼夜温能达到上述温度，无需加温，只有在遇到特殊严寒天气时方采用设施加温。

（1）苗床南旁安装着暖气片，向苗床散热，使苗床提温；（2）连栋温室内侧挂置的保温被保温，内部设置水暖风机加温
图4-1-44 增温设施

夏秋高温期育苗，需控制温度过高，昼夜温差过小，则会影响植株正常进行花芽分化，出现现蕾期推迟。上午9:30至下午2:30半闭通风口，用湿帘风机降温系统，并使用遮阳系统等措施降温。尤其是日光温室内安装上湿帘（图4-1-45）、风机降温，是很必要的。下午2:30以后，随着光照强度的减弱，采用降温的措施有：①开天

窗、侧窗通风；②开天窗、侧窗，加地面泼水；③天窗、侧窗通风，加微雾降温；④湿帘、风机降温系统（图4-1-46），尤其降低夜温更重要；⑤湿帘、风机降温系统，加遮阳系统降温。

（1）日光温室小墙上，安装湿帘位置；（2）日光温室内小墙上安装湿帘后的样子

图4-1-45　日光温室内安装湿帘

（1）很长温室内安装湿帘于中间；（2）连栋温室内，同安装的风机

图4-1-46　湿帘风机降温

　　在高温季节，遮光虽然可以降温，但过度的遮光会影响光合作用的进行，从而使秧苗徒长。和发生蕾花数少，畸形花果率增高等敝病。所以有时宁可给秧苗喷水降温，也不遮光。

　　冬春低温期育苗，应注意：在阴雪天气光照太弱时，不要过度增温。如果没有光照，只有温度，则秧苗虚弱。如果确实需增高温度，则宜配合补光进行。

光照调节：番茄是强光照作物，一般不需要遮光保护。而因苗期比成株期耐强光的能力差，若需要遮光时，最好是采用既能降温，又能适当遮光的镀铝遮阳网（图4-1-47），实行内遮荫。

图4-1-47　温室内遮荫
使用的镀铝遮阳网

水分供应：当发现秧苗根多分布在基质上部时，要多浇大水；当发现坨下部根多，上部根少时，要多浇中水，以水来诱导根的分布，（图4-1-48）。从育苗的中期开始，秧苗耗水量增大，苗床的边行容易缺水，这时要经常调换穴盘的位置；随时检查基质湿度，苗盘调换到叶片发软时，立即洒水补浇防止萎蔫。随着秧苗生长增大，后期的需水量也显著增大，这时主要观察秧苗的茎叶表现状况来确定浇水量和浇水间隔时间。

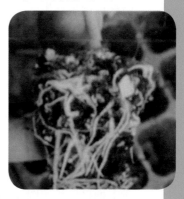

图4-1-48　原来基质坨
下部根多，上部根少，
经多浇中水后，上部也
根多了

苗期供肥：主要以秧苗的颜色为基本依据，秧苗茎细叶小，叶色淡（图4-1-49）是缺磷、缺氮和基质湿度偏大造成。应增加速效磷、氮肥供应，适当控制浇水。番茄育苗后期，苗细弱叶色发紫，是典型缺磷症状（图4-1-50），应迅速喷施磷酸二氢钾1 000~1 500倍液等速效磷溶液。冬季育苗，农家旧日光温室保温性能差常发生番

图4-1-49　细弱番茄苗

图4-1-50　番茄苗缺磷

图4-1-51　番茄苗缺磷、
缺钾，又受低温障碍

茄苗生长势弱，叶色淡，上部叶片干边，甚至变白干枯，是缺磷、缺钾而又受低温障碍（图4-1-51）。应补充磷钾二元速效肥和加强温室的提温和保温。

在固定式苗床上育苗的，要每隔3~5天调换1次苗盘位置，把四周穴盘苗调换到中间去，以保证秧苗整齐。移动式苗床上，只需要把两端穴盘苗调换到中间去即可。

当秧苗生长至拥挤的时候，可以适当疏散苗盘，这样一是能增加苗盘的光照，防止徒长；二是降低苗盘表面的空气湿度，以防秧苗产生气生根。

（3）炼苗出圃。在育苗末期要对番茄苗锻炼，其目标是形成壮苗，锻炼苗的主要措施包括通风、降温、控水、提高肥水供应浓度等。夏季育苗，炼苗一般于出圃前4-6天进行；冬季育苗炼苗在出圃前7~8天进行。开始炼苗前，先把苗盘中的小苗、弱苗移出，继续培育，将空穴填足（图4-1-52）。出圃前移苗实际是移苗坨，用手将苗坨拔出，将拔出的苗坨移到另一只苗盘的空穴中。

对已满苗龄天数的苗子要及时出圃。否则，会造成苗子在苗盘上拥挤生长（图4-1-53），苗床透光不良，形成高而细弱、长势差的老苗。

图4-1-52　出圃之前的移苗填空穴

图4-1-53　过老的番茄苗，应及时出圃，以避免发生苗荒

8. 苗床管理中两项重要作业——移苗、追肥

（1）移苗。为了在同一穴盘内的秧苗大小一致而整齐生长，又提高育苗质量（图4-1-54）使苗子容易销售。移苗有3个适宜阶段：

（1）未移栽补缺的苗盘；（2）移栽补全补齐的苗盘

图4-1-54　移苗补缺、补齐

图4-1-55　用移苗针插孔，移栽未出真叶的子叶期苗

图4-1-56　2片真叶期移

一是真叶生出前，此时子叶苗侧根较少，对根的伤害较小。（图4-1-55）可用移苗针移苗，只要在待移入的穴孔中间插一个眼，把番茄苗拔过来，插进去埋一下，即可。此时移苗主要是分开同穴的多株苗。

二是于2片真叶长大时移苗：要使用移苗匙（图4-1-56）等工具（用商品餐叉移苗的效果很好），将秧苗从1个穴盘带基质挖出移到另一穴盘，操作技术细节是：下匙时尽量远离秧苗，因为越近越伤根。

三是出圃前移苗（图4-1-57）用手拔出苗坨，放入另一个苗盘的空穴里即可，此期根系已布满基质，形成了"抱团"伤根轻。

（2）追肥整个育苗期追施肥料。是结合洒水，追施适宜浓度的水溶平衡肥，在正常情况下，每天都对秧苗浇水（图4-1-58），几乎每次浇水，

都要结合追肥。追施的肥料
种类是氮磷钾大量元素、钙
镁等中量元素和硼锌铁等微
量元素，目前，育苗专用肥，
都是配制好的平衡肥料（图
4-1-59）。施用浓度是以含
量最高的元素来表示，如表
4-2所示，初次（子叶至1
片真叶期）追施平衡肥的浓
度为70毫克/千克，夏季

图 4-1-57　出圃前移苗

高温，给幼苗追肥的浓度为70~80毫克/千克，此期给2~4真
叶的苗追肥和给5~6真叶的大苗追肥。施肥浓度分别是100毫
克/千克和150毫克/千克。而冬春两季低温期追施平衡肥的浓
度为：子叶至1片真叶幼苗期140毫克/千克；2~4片真叶的苗
200毫克/千克，5片真叶以上的大苗260毫克/千克；一般在
每日见阳光1小时后浇水施肥，每日1次。注意：当施用肥料
的浓度很高时，应当在喷施肥水后，接着喷一遍清水，把叶面
上的肥料淋冲下去。

图 4-1-58　给番茄苗喷洒溶有平衡肥料的水

图 4-59　育苗专用平衡肥

表 4-2　番茄穴盘育苗施用平衡肥适宜浓度（毫克 / 千克）

追施肥料时期	肥料类型	结合浇水追肥，肥水浓度		
		前期（子叶至1片真叶）	中期（2~4 片真叶）	后期（5~6 片真叶）
盛夏高温期	平衡肥	氮 70	氮 100	氮 150
冬春低温期	平衡肥	氮 140	氮 200	氮 260
初次施肥	平衡肥	氮 70	氮 100	
中期追肥	平衡肥		氮 150	氮 250
后期追期	平衡肥			

9. 番茄嫁接育苗

（1）番茄嫁接育苗的好处。目前，就棚室蔬菜集中产区之一的山东寿光而言，460 多家蔬菜穴盘育苗场，对茄子几乎全部嫁接育苗，而对番茄多为自根育苗，而采用嫁接育苗的只有几十家，其实番茄嫁接育苗确实有如下突出好处：

一是抗番茄枯萎病、黄萎病、根腐病、青枯病、根结线虫病等土传病害。这些病原菌或病原虫都有一定专化型。对一些小果型野生茄科植物几乎不产生为害。利用这一特性，采用野生型或近野生型同种或同科植物作砧木，可避免病菌或线虫侵入，有效地防止土传病害的发生（图 4-1-60 和图 4-1-61）。

（1）托鲁巴姆野茄砧木的宠大根系，不发生任何根病，根系新鲜；（2）自根番茄发生根结线虫病严重

图 4-1-60　托鲁巴姆野茄高抗根结线虫

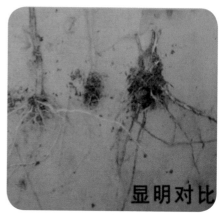

显明对比

（1）用托托斯加野茄作砧嫁接的番茄，明显比自根番茄的根系发展好，且不改变番茄的果形和品质；（2）嫁接番茄植株未发生根腐病，而自根番茄植株已发生了褐色根腐病，侧根烂掉了不少

图4-1-61　嫁接番茄植株与自根植株对比

二是解决了茄科作物不能多年连作的难题。

三是嫁接植株生长势强，抗逆性强，叶面积大，植株高，蕾花多，结果多，连续结果不衰，高产，一般增产30%以上。

（2）选用砧木和接穗。目前通常嫁接番茄的砧木品种有：兴津1号F1、根状元F1、抗砧1号F1（图4-1-62）、斯克番F1等利用野生番茄与半栽培小果型番茄种杂交育成的番茄砧木品种。还有茄子、番茄两用的野茄子砧木品种托托斯加（图4-1-63）和改良托托斯加（图4-1-64）和托鲁巴姆（图4-1-65）黏毛茄、刺茄、无刺茄、黑杂茄等。

托托斯加、托鲁巴姆是从国外引进的野生茄子种，对茄科植物黄萎病、根腐病、根结线虫病等土传病害具有极好的抗性，且根系强大，耐低温性好，但茎叶上刺较多，人们以此为砧木在操作嫁接时，常被刺扎手。近年来有关科研单位育成了无刺的托托斯加和无刺的改良托托斯加砧木良种，正在推广中。

对于接穗的选择，一般选择大果型抗TY病毒病的粉果或亮红果品种。而小果型樱桃番茄多不采取嫁接育苗。

（1）生长在苗床上的砧木苗抗砧1号F1；（2）用抗砧1号F1作砧木嫁接
育成的番茄苗，待出圃

图4-1-62　番茄砧木苗和用劈接法嫁接的番茄苗

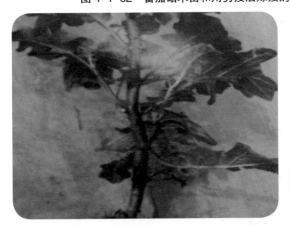

图4-1-63　托托斯加野茄（无刺）种，为茄子番
茄两用砧木

图4-1-64　改良托托
斯加野茄子种（无刺）

　　（3）砧木催芽和播种。砧木种子催芽有两种方法：一是将种子用赤霉素处理，浓度为150~200毫克/千克，浸种8~10小时，再放入清水中浸泡30小时后漂洗干净，然后用湿布袋装好，置于25~28℃催芽。另一催芽方法是将种子用清水浸泡48小时后，

用湿布袋装好，放进催芽箱里进行变温催芽；以 20℃处理 16 小时，再调到 30℃处理 8 小时，每天如此反复，约历经 8 小时开始发芽，10~12 小时后多数种子发芽，但发芽不整齐，有的长 1 厘米，有的刚露白尖。当多数种的根尖长 1~5 毫米时（图 4-1-66）播种。

应注意的：若催芽时用湿毛巾包种子，发芽好胚根扎入毛巾里（图 4-1-67），难以不损伤胚根而摘出来。因此，不要用毛巾包种子催芽。

砧木可播种于 54 厘米 ×28 米的平盘里，每盘可播种 1 000

图 4-1-65　植株有刺的茄子、番茄两用砧木，野茄种托鲁巴姆

粒左右，种子上面覆盖珍珠岩或蛭石，覆盖厚度 0.4~0.5 厘米（野生番茄作砧木）或 0.8 厘米（野生茄子作砧木），然后将育苗盘置于催芽室内或苗床上等待出苗。

图 4-1-66　多数种子发芽根长 1~5 毫米时播种

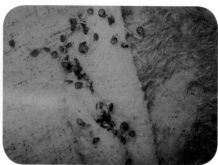

图 4-1-67　种子胚根扎入毛巾里，难以安全摘出来

为了使接穗和砧木苗的嫁接适期协调一致，必须调整好播种期。砧木和接穗的播种期因所采用的砧木品种不同而异。一般托

鲁巴姆要比接穗提前 25~30 天播种，托托斯加和改良托托斯加要比接穗提前 20 天左右播种。在砧木苗露出真叶时才播种接穗。

（4）接穗催芽和播种。接穗多采用变温催芽法催芽，于平盘播种。只要种子发芽率高，采用 128 孔的穴盘播种也行。但最好不要用地畦播，因为这种方式播种接穗有感染黄萎病的可能。如果非用不可，则必须在苗床土中混上多菌灵可湿性粉剂灭菌。

（5）挪苗。当砧木苗长到 2 叶 1 心时，要由平盘挪到穴盘中（图 4-1-68），穴盘的基质可用 2 份草炭和 1 份珍珠岩配制，并掺上齐全的营养元素。如果砧木苗大小不齐，可大小苗分开栽植，采取分级管理。

图 4-1-68　把 2 叶 1 心的砧木苗由平盘挪到穴盘

（6）嫁接工具准备。劈接法嫁接番茄所用工具，主要是刀片、嫁接夹、嫁接操作台、消毒液和运苗车等（图 4-1-69）。刀片，即刮脸刀片。嫁接夹有圆口、平口两种，番茄、茄子嫁接用圆口嫁接夹，而嫁接黄瓜是用平口嫁接夹。为便于嫁接操作，提高工效，一般用木板和板凳作操作台，专人嫁接、专人取苗、运苗。（图 4-1-70）如若采用旧嫁接夹，要事先用 200 倍的甲醛溶液泡 8~10 小时消毒，操作人员手指、刀片等用具用 75% 酒精（医用酒精）

图 4-1-69　刀片、圆口嫁接夹

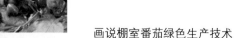

涂抹灭菌。每隔 1~2 小时消毒 1 次，以防杂菌感染伤口。切记，用酒精棉球擦过的手、刀片等一定要等到干后才可以使用。否则，严重影响嫁接成活率。

图 4-1-70　嫁接黄瓜、番茄、茄子苗现场

近年来 TY 病毒（番茄黄化曲叶病毒）病发生较为普遍，为防止由烟粉虱传播此病，在育嫁接番茄的设施安装上避虫网。

（7）用劈接法嫁接番茄苗的具体方法（图 4-1-71）。当砧木具有 5~6 片真叶，接穗 3~4 片真叶时即可嫁接，嫁接时砧木基部留 1~2 片真叶，将其上部茎切断，从切口茎中央向下直切深约 1.5 厘米。将接穗留 2~3 片真叶断茎，将切断的接穗基部茎削成楔形，插入砧木切口，使其与砧木吻合，并用嫁接

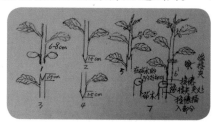

1. 砧木切口的高度；2. 接穗；3. 砧木切口深度；4. 接穗插入砧木口内的长度；5. 劈接上接穗的植株；6. 用嫁接夹子固定住接穗；7. 在接穗比砧木细的情况下应注意的技术。

图 4-1-71　番茄劈接示意

夹固定（图 4-1-72）。注意不可固定太紧或太松。

（8）嫁接苗的管理。嫁接后 5~7 小时是接口愈合期，适宜温度为昼温 29℃左右，夜温 18~19℃。空气相对湿度 95% 以上（不要往嫁接苗上洒水，要在苗床底下浇水，严封闭，不通风，只于清晨或傍晚通风，每天 1~2 次）。嫁接后前 3 天完全遮光，从第 4 天开始逐渐先早晚进阳光，第 5~6 天由半遮光到不遮光。

嫁接后第 8~9 天伤口愈合；首先摘除砧木萌芽（图 4-1-73 和图 4-1-74）。以后的管理同不嫁接的自根苗（略）。

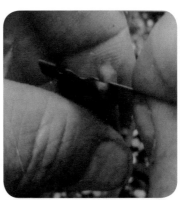
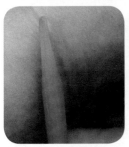

（1）砧木基部留 2 片真叶，将其上部茎切断；（2）从砧木切口茎中央向下直切深约 1.5 厘米；（3）接穗留 2-3 真叶断茎，将切断的接穗基部茎削成楔形；（4）接穗插入砧木切口，使接穗与砧木吻合，用嫁接夹子固定住接穗；（5）穴盘中已嫁接较好的植株和正在劈接砧木

图 4-1-72　番茄劈接法嫁接具体操作示意

图 4-1-73　从嫁接夹处以下砧木　　　图 4-1-74　摘除砧木萌芽的番茄苗株
　　　　　上发生了萌芽

达到成苗标准后，即可及时出圃定植于棚室保护地栽培。

二、番茄营养钵苗畦常规育苗技术

（一）营养钵苗畦培育番茄大壮苗的形态标准及其苗龄

1. 大壮苗的形态标准

苗株高 19~22 厘米，茎秆粗 0.5 厘米左右，多茸毛，茎节较短，茎秆直立挺拔，第一花序生出或达现蕾，单株有展开真叶 7~9 片，叶片肥厚，叶色深绿，秧苗顶部稍平而不突出；根系发达，须根多，根色乳白，植株未遭受病虫害，植株形态呈倒三角形（图4-1-75）。

左：刚出圃定植的倒三角形大壮苗；右：定植缓苗后的倒三角形大壮苗

图 4-1-75　番茄大壮苗呈倒三角形

2. 不同栽培茬次的番茄播种期、定植期、苗龄期（表 4-3）

表 4-3 不同栽培茬次番茄的播种期、定植期和苗龄期

栽培茬次	播种期（旬/月）	定植期（旬/月）	苗龄期（天）
冬（早春茬）	上/11—中/11	上/1—中/1	75 左右
越夏（伏）茬	上/2—中/2	中/4—下/4	70 左右
秋延（冬）茬	上/6—中/6	上/8—中/8	60 左右
越冬茬	上/8—中/8	中/10—下/10	70 左右

注：即使在棚室保护地育苗，育成番茄大壮苗的苗龄期长短，也受自然气候条件的影响，越高纬度、高海拔地区，气温越低，回暖越迟，其苗龄期越长，反之，则苗龄期越短。表 4-3 中所列番茄育成大壮苗，播种期、定植期、苗龄天数，是指在北纬 36°41′—37°09′、海拔 10~42 米的山东寿光菜区而言。故，此表所列内容仅供参考。

（二）配制育苗营养土，建苗畦

1. 配制育苗营养土

配制好育苗的营养土，是培育番茄大壮苗的主要措施之一。要求营养土保水、保肥、透气性都好，并富含有机质和氮、磷、钾、

图 4-1-76 过筛后的营养土，掺混矿质元素速效肥料，调拌均匀

钙、镁、铁、硼等各种大、中、微量元素，并未有蔬菜病虫害的污染。配制营养土时要选用未种植同科作物的菜园壤土和经过充分沤制发酵腐熟的厩肥等，都过筛。配制比例为土 6~7 份，有机肥 3~4 份，每 1 米³ 加入过磷酸钙 2 千克，草木灰 5~7 千克，氮磷钾三元复合速效化肥 1 千克；最好用云南省腾冲县产的敬农牌胞覆剂产品。此产品含有全磷、全钾、铁、锌、铜、锰、锶、硒、硼、钼等 27 种矿质元素，是云南、贵州、湖南等南方地区水稻抛秧育苗较普遍采用的。经在山东寿光试验，此产品用于蔬菜穴盘育苗和营养钵常规育苗的效果特别好；再加入 70% 甲

基硫菌灵可湿性粉剂80克，将后两样先与少量干细土混合均匀后，再将其掺入所有营养土中，调拌得十分（图4-1-76）均匀。

2.建苗畦

先在选择的育苗地建畦池。在冬暖大棚内建苗床的，畦池应南北走向。畦池长视棚室内南北受阳光宽度和育苗面积而确定；畦池宽一般1~1.2米，深15厘米。畦池底面撒铺上0.5厘米厚的细沙或草炭。采用营养块育苗的往畦池内填满营养土后搂平，厚度约12厘米，经浇水营养土沉实后，按8~10厘米见方划割成方

左：播种后覆盖基质；右：未播种的
方格
图4-1-77 营养方块育苗

块以便于将来好起苗，划割的方块之间的空隙要填入细沙或草炭隔离（图4-1-77），每方块中央播种1粒已发芽的种子后，覆0.4~0.5厘米厚基质或营养土。

采用营养钵育苗的，可先将上口直径10厘米，下底直径8厘米，高8~10厘米的，市上销售的育苗专用塑料钵（图4-1-78）排置于畦内，装满营养土。在播种的前一天浇透苗床水。

（1）育苗专用塑料钵；（2）将装入营养土或基质的营养钵排摆入畦池
图4-1-78 营养钵及畦池摆放

（三）番茄营养钵育苗用种量的计算和种子消毒、催芽（略）

参见番茄穴盘育苗部分。

（四）番茄营养钵育苗播种工序

1. 用小铲刀铲暄播种处

在浇透苗床水的第二天，当浇水后的营养土晾至能中耕起垡时，用小铲刀将营养钵（块）中央处铲松暄2~3厘米深，以备随后在此暄土处点播种子（或将于平盘播种的子叶至1片真叶期的密集幼苗，分苗移栽于此）。对比试验证明：铲暄2~3厘米深后，浅播种（0.4~0.5厘米）的，比不铲暄（对照）而播种同样深的，虽然单株叶片数没有什么差别，但铲暄2~3厘米后播种的，比不铲暄而播种的，大苗期（即将出圃）显著壮旺（图4-1-79），表现出茎较粗，叶较大，生长势强。

（1）铲暄；（2）未铲暄

图4-1-79 营养体或营养方格中央播种处铲暄与不铲暄的大苗期（即将出圃）苗株形态对比

2. 精量播种

在每个方格或营养钵的中央已铲暄处，点播上1粒已催出芽（胚根）的种子。为预防立枯病、猝倒病等苗病和黄萎病、

枯萎病、各种根腐病的发生，点播种子后，用 15% 土军消（有效成分是噁霉灵、甲霜灵、噻氟菌胺等）乳剂对水 100 毫升 / 米^3 喷洒一遍。然后撒盖营养土（或基质）0.4~0.5 厘米厚。全苗畦播种和覆盖完毕，再轻喷 1 遍水，把覆土喷湿。然后覆盖地膜保温保湿。

（五）番茄营养钵（块）苗畦播种至 4 片真叶期管理

1. 低温季节苗畦（床）管理

番茄早春茬栽培的育苗期正处于严寒冬季；而越夏茬栽培的育苗期也处于早春较寒冷时期。播种后出苗期和至 1 片真叶期，管理的重点是增温、保温，使日光温室内苗床温度控制在昼温 25~28℃，夜温 15~20℃。增温保温的主要措施是：适当早揭草帘、保温被等覆盖物，尽可能延长上午的光照时间（图 4-1-80）。为预防朔风刮坏日光温室棚膜（图 4-1-81），要及时修补棚膜（图 4-1-82）。遇寒流侵袭时，傍晚覆盖时要加盖保温被（图 4-1-83）。同时，盖上浮膜，避免雪雨把保温被淋湿。要对棚膜勤擦拭除尘，保持棚膜的采光性能。最好是于棚室前坡采光面挂上除尘布条（图 4-1-84），风吹布条，布条不停地除尘。

图 4-1-80　拉揭覆盖物后，棚室内空气温度不降低，也不立即上升，这样就适当早揭覆盖物

图 4-1-81　西北大风把大棚膜刮坏，棚室内番茄遭受冻害

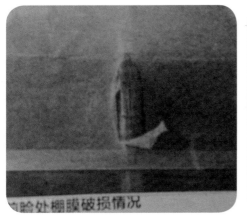

图 4-1-82　菜农修补棚膜，以防止大风吹进棚内，鼓了棚膜，蔬菜遭冻害

图 4-1-83　遇寒流天气，盖棚时要加
　　　　　　盖保温被

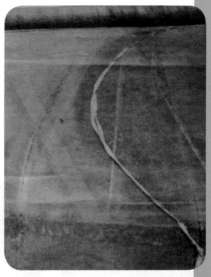

图 4-1-84　棚面上挂的除尘布条

　　尽可能增加自然光照和增加散光照以增加温度。遇降雪天气时，白天只要停止了降雪，就应及时扫除棚面的积雪（图4-1-85），揭开草帘、保温被等覆盖物，使温室及时采散光照和多云间隙光照。

图 4-1-85 雪停后及时扫除棚面上的积雪，揭去草帘、保温被，使温室采光，接受散光照和多云间隙光照

在播种前浇足苗畦水的情况下，出苗期不浇水，不开窗通风，严盖地膜，封闭温室，以增强保温。幼苗开始顶土时，如果因覆盖的基质或营养土过薄（覆盖厚度达不到 0.4 厘米）而出现顶种壳现象（菜农称"戴帽出土"），应立即揭开地膜，再适当加覆湿润细土。当幼苗基本出齐，将覆盖的地膜改为抵拱覆盖，以防地膜压苗。以后的前期、中期、后期、出圃前炼苗期的光照、温度、水肥供应等管理，可参照穴盘育苗。

2. 高温季节苗床（畦）管理

番茄秋延茬栽培和越冬茬栽培的育苗期分别处在夏伏和早秋强光、高温、长日照时期。苗床管理的主要措施是：

（1）番茄苗 1~4 片真叶期实施短光照处理。这是一项促进苗期正常进行花芽分化，提高前期和中期的产量及品质的重要科技措施。番茄它的临界短日照为 13 小时，即日照时间长于 13 小时则不能正常地进行花芽分化。在露地自然气候条件下，番茄春季播种育苗，苗期所处的每天光照时间 12 小时左右，正适合花芽分化需要，所以花芽分化正常，现花序节位不高，蕾花发达，花

图 4-1-86 苗子生长偏旺，现花序推迟

图 4-1-87 这样推迟现花序的苗子，到开花期植株下半部的花序，出现的畸形花率高

数多而畸形花果率低。然而番茄于棚室
保护地夏伏期育苗，因日照时间过长
（达 14~16 小时）、昼夜温差过小（达
不到 8℃），故不利于苗期进行花芽分
化，致使苗期营养生长偏旺，现花序节
位较高（图 4-1-86），畸形花率高（图
4-1-87），果穗（花序）前段无果等弊
端（图 4-1-88）。

　　而于 1~4 片真叶期实施短光照处理，
是解决这个问题的主要有效方法。具体做
法是在每日黎明前的黑暗时，对苗床严密
覆盖不透光的黑色塑料薄膜，至正午前

图 4-1-88　花序分化，不
正常的番茄。果穗前段无果

2~3 小时把黑薄膜揭去。连续如此遮阳光
25~30 天，使每天的光照时间 12 小时，同
时尽可能降低夜温，加大昼夜温差，从而
促使番茄苗期进行正常地分化花芽。注意：实施短光照处理，必须连
续不间断地进行 25~30 天，若中间有一天不遮阳光，或因黑色薄膜破
损而遮光不严，则会因跑光而前功尽弃。历经短日照处理的番茄苗，
定植后生长较粗壮，多于主茎第 7~9 叶间现花序（图 4-1-89），平
均单穗坐果较多，果实发育周正，萼片舒展好看（图 4-1-90）。

图 4-1-89　历经短光照处
理过的番茄苗子定植后生长
形态

图 4-1-90　历经短日照处理过的苗子，
进入结果期单穗、果数较多，果实发育正
常，萼片舒展之形态

（2）于育苗棚室覆盖25~30目的银灰色避虫网（图4-1-91）。既防烟粉虱、白粉虱，有翅蚜迁入棚室内直接为害番茄苗和传播病毒病。又白天遮阳、防曝晒高温。

（3）实施防止秧苗徒长的措施。一是适当控制苗床浇水，掌握"不旱不浇，旱时喷洒轻浇"的原则。二是化控，4~7片真叶期喷洒两次25%的助壮素（甲哌鎓）2 000倍液，7~10天喷1次。

图4-1-91　夏伏育苗期，育苗的温室采光面覆盖上了避虫网，既避害虫又适当遮阳，防曝晒高温

（4）培育大壮苗要有足够的苗龄日数。番茄营养钵（块）常规育苗与工厂化穴盘育苗突出的不同特点是足够的苗龄期和较大的钵坨育成有6~7片真叶的大壮苗。秋延茬番茄大壮苗的苗龄要60天左右，而越夏茬番茄大壮苗的苗龄需70天左右。如果苗龄期不足，则难以达到大壮苗标准。因此，要以足够的苗龄期达到大壮苗标准后才出圃定植。

（5）对于温度、光照、水肥供应等管理参照穴盘育苗部分所述。

第二节　番茄棚室保护地定植及定植后的栽培管理

一、番茄棚室保护地定植前的准备作业

1.施用腐熟和优质的有机肥作基肥

未经沤制发酵腐熟的牛粪、羊粪、鸡鸭粪，不仅携带病虫害源，而且施入棚室保护地后，因在土壤中发酵过程中释放氨气而熏害作物。尤其是鲜鸡、鸭粪，因禽舍消毒使其带有火碱，所以必须

汇制腐熟脱碱后方可施用（图4-2-1）。在耕翻地之前，将汇制腐熟的有机肥料按计划亩施用量5 000~7 500千克均匀撒施于田面（图4-2-2）。如若生产有机蔬菜，可选用蚕耗肥（图4-2-3、图4-2-4、图4-2-5）和棉籽饼肥、菜籽饼肥等。

图4-2-1　菜农在翻调和捣碎经过汇制充分发酵腐熟，已脱去火碱的鲜鸡粪，准备作番茄的基肥施用

图4-2-2　菜农在按计划施干鸡粪量，称取装好经过汇制、发酵、腐熟、脱火碱的鸡粪运往棚田施用

图4-2-3　蚕沙有机肥上蚕力，袋装

惠州市惠东县铁涌镇溪美村示范农户：方棉乃。对照区是20包鸡屎肥+3包复合肥；示范区是3包上蚕力+3叶片大，长势旺盛。示范区亩产7115斤，对照区亩产6465斤；亩增产量650斤，亩增产率10%。

图4-2-4　上蚕力TM在茄科蔬菜上施用的试验对比结果

　　另外，寿光菜农在汇制有机肥过程中，通常每立方米加入40%磷酸铵5~10千克和菌激抗菌968肥办高一瓶（700毫升），可进一步提高汇肥效果。

2. 深耕翻棚田

于棚田表面撒施有机肥后，用旋耕机耕翻地，（图4-2-6）将撒施的肥料翻混入土壤耕作层。

因番茄连续结果期较长，根系分布深而广，需要加大耕翻地深度，以增厚土壤耕作层。在使用旋耕机，一次耕翻难以达到30厘米深的情况下，可采取安装上犁刀，耕翻25厘米深，再犁深5~7厘米。如此，使耕深达30~32厘米。

图4-2-5 天蚕优地
复混肥

图4-2-6 旋耕机耕翻棚田，
把料肥翻入耕作层

3. 整地做畦

将耕翻后的地耙细（或耕细）耧平，然后做畦。棚田做畦的方式通常有如下两种：一种是做平畦（图4-2-7），另一种是做高畦（图4-2-8）。

图4-2-7 拱圆大棚内栽培番茄
做的平畦（南北向）

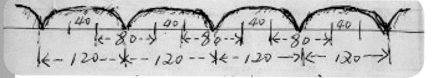

图4-2-8 高畦的横截面示意（单位：厘米）

图 4-2-9 软管安装上喷枪和高射喷头喷雾

图 4-2-10 严密封闭棚室，实施高温闷棚

4. 喷药消毒

用 15% 菌毒清对水 300 倍液，用软管安装上喷枪和高射喷头（图 4-2-9）喷布温室大棚的内面，既杀菌，又消毒。

5. 高温闷棚

在定植番茄之前 7~10 天，选择连续 3~5 天的晴日，对棚膜擦拭除尘，擦拭得透亮，同时棚膜的缝隙破损处，补贴好，严密封闭棚室（图 4-2-10），使中午前后棚室内最高气温达 60℃以上；而耕翻的棚田，5~10 厘米地温也达 52℃以上。如此，可杀灭棚内的害虫和灭菌消毒。

二、番茄于棚室保护地定植

（一）定植时间和定植密度

1. 定植时间

只要苗子达到了工厂化穴盘育苗的成苗标准，或常规营养钵（块）育苗的大壮苗标准，就要尽快出圃定植。定植时间宜前提，不宜推迟。否则，穴盘苗过大，在穴盘上生长拥挤（图 4-2-11）。

为了穴盘苗及时出圃定植，在出圃前几天，对穴盘苗全面检查，凡查到有不达标准的穴孔苗，要取出，补换上达标准的苗（图 4-2-12）。

常规营养钵（块）育苗的，苗龄期已满，大壮苗已形成（图 4-2-13），也应尽快定植。

图 4-2-11　推迟定苗，使穴盘苗过大，生长拥挤

图 4-2-12　检查未达标准的穴孔苗，补换上达标的苗子，准备出圃

2. 定植密度

　　番茄的定植密度因品种熟性、主茎生长类型、施肥量和土地肥瘦等情况制宜。早熟品种比中熟、晚熟品种要密；主茎自封顶类型的要比主茎无限生长类型的要密；侧芽枝生长弱，而植株较紧凑的要比植株松散的密。肥少土壤肥力又差的地，要比肥多土壤肥力强的地要密；单干整技

图 4-2-13　用营养钵育的苗，已达大壮苗标准，应尽快定植

的要比双干整枝的密。在山东寿光棚室蔬菜集中产区，棚室保护地定植番茄多采用如下两种密度规格：一是大行 70 厘米，小行 50 厘米，株距 32~37 厘米，每亩定植 3 000~3 500 棵；二是大行 80 厘米，小行 40 厘米，株距 46~53 厘米，每亩定植 2 100~2 400 棵。

（二）具体定植方法

1. 药液蘸苗坨

为防治各种根腐病、黄萎病、枯萎病和髓枯病等真菌、细菌性病害的发生为害，抗重茬，促生长新根，在栽苗之前几分钟，用15% 土军消TM（有效成分为噁霉灵、噻氟菌胺等）水剂对水1 000倍液 + 第一细（有效成分枯草芽孢杆菌）1 000倍液，将即将定植的苗盘苗或营养钵育成的大壮苗浸蘸苗坨3~4秒钟。以完全浸湿透为原则（如图4-2-14）。

（1）盛药液的塑料盘；（2）防治真菌性土传病害的药剂"土菌剂"；
（3）防治番茄髓枯病等细菌性病害的药剂"第一细"；（4）蘸坨后番
茄苗子

图4-2-14　用药液蘸苗坨

2. 平畦定植方法

在平畦按计划大小行距划线定行，再按计划株距，在畦面顺行线用铲刀或泥匙开穴，苗坨在穴内放置周正，使坨土上面略低于畦面，然后埋土（图4-2-15）。1人定植完1个畦，多人定植完多个畦后，及时浇定植水（图4-2-16）。

图 4-2-15 平畦定植番茄苗　　　图 4-2-16 番茄苗定植后及时浇水

3. 番茄垄作高畦定植方法（图4-2-17）

按小行40厘米，在高畦面上（垄上）划行线，顺行线按计划株距开穴，先往穴内浇水，别等穴中水全渗下时就放置上苗坨。苗坨要放周正，起到以穴水稳苗作用。然后先从畦面（垄面）两边调土栽苗，后从畦（垄）中间往两边行基处扶土，使之形成畦面中间有浅的小沟，畦与畦之间有20~25厘米深，上口40厘米宽的大沟。人员管理时从大行间（即大沟里）行走。

4. 番茄苗定植后药液灌根

茄科作物连作重茬棚田，定植时未采取药液蘸苗坨防治土传病的，定植后应采用同蘸根防治病害的药液，喷淋灌根（图4-2-18），为提高喷淋药液灌根的功效，可将喷雾器喷头上的盖片孔加大（用钢钉冲大），以增加喷药水量，一般1棵秧苗灌100~150毫升药液即可。

三、棚室保护地番茄定植后各生育阶段的管理

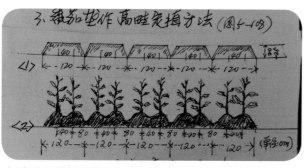

（1）定植前起（扶）的垄（高畦）；（2）定植后的大小行距及畦面（垄面）情况

图4-2-17 番茄垄作高畦定植方法

图4-2-18 喷淋药剂灌根防治重茬地土传病害

（一）缓苗期的管理

番茄定植后7天之内的缓苗期，管理的重点是满足缓苗所需的水分，改善土壤透气条件，减少叶面蒸腾量，调节好温度，尤其要调节好地温，以促进加快生根缓苗。

1. 及时浇足缓苗水

不论哪个栽培茬次，定植后第二天至第三天要及时浇缓苗水，而且要浇足。垄作的要浇得水渗湿透垄；平畦栽培的要浇得水渗湿透耕翻层，接上底墒。促使苗株快扎新根，根系从苗坨往土壤中扎伸。若只在定植时轻浇了栽苗水，而不浇缓苗水，势必造成苗株不能发生新根，壮苗变成弱苗（图4-2-19）。

图4-2-19 未浇缓苗水，不发生新根，壮苗变成了弱苗

2. 番茄越冬茬和早春茬定植缓苗期的管理

这两茬蔬菜的定植期分别在："寒露"至"霜降"、"大雪"至"立春"。都处于外界气候寒冷期，管理上应从提高温室内的温度，防寒为重点。浇缓苗水后土壤散墒时，随机进行中耕划锄（图4-2-20）。全棚田（图4-2-21）保墒、提温、保温，把棚室内的温度调节为昼温24~30℃，夜温14~17℃；10厘米地温，夜间16~20℃，午间最高气温不超过32℃，达32℃时，立即通风降温。

图4-2-20 低温季节，于番茄的缓苗期划锄

图4-2-21 低温季节，先划锄松土后，然后覆盖地膜

此阶段时期虽只有7~8天，但也不可忽视寒流阴雪天气对番茄的不良影响和采取的应对措施（参见图4-1-81、图4-1-82、图4-1-83、图4-1-85所示）。

3. 番茄越夏茬和秋延茬定植缓苗期的管理

这两茬番茄定植缓苗期均处在自然温度和棚室内的温度都较高期，管理的重点是：遮阳降温，减轻叶面蒸腾；松土通气，以利根呼吸和促发新根；避雨和防风雹，防虫害。具体措施是：

图4-2-22 整齐的秋延茬番茄苗，准备于缓苗期后盖地膜

（1）定植后不盖地膜或推迟盖地膜（图4-2-22）。在第2~3天及时中耕松土（图4-2-23）。如若缓苗期不中耕松土，就会造成土壤板结，苗株生长趋弱势（图4-2-24）。

图4-2-23 定植后第三天中耕松土

（2）越夏茬番茄，缓苗期于棚室前坡采光斜面先覆盖30目避虫网（图4-2-25），既防虫，又适当遮阳。定植后第6天以后，换盖棚膜，只于通风口处盖防虫网。采取昼夜通风，使棚室内气温控制在白天22~27℃，夜间14~17℃。在浇足缓苗水的基础上，此期不浇水。

图4-2-24 缓苗期未中耕松土，土壤板结，苗株生长弱势

图4-2-25 越夏番茄定植缓苗期，温室不覆盖采光棚膜，而是覆盖避虫网

（3）秋延茬番茄定植缓苗期，因处在汛期尚未结束，在大雨到来之前必须盖好棚膜防雨。雨后立即通风，防止湿热闷苗。要昼夜通风降棚温。

（二）缓苗后至现蕾的大苗期管理

此期虽然仅15~20天，但这是关系到番茄的营养生长与生殖生长能否协调进入结果期，稳健坐果，实现前期高产的关键管理时期。具体管理技术是：

1. 先划锄松土，后覆盖地膜（图 4-2-26）

划锄松土可增强土壤的透气性，覆盖地膜可保墒、保地温，因此，有利于苗株发根壮棵。

图 4-2-26　（1）番茄缓苗期后，已划锄松土的棚内场景；（2）划锄松土后，覆上地膜的场景

2. 控水控肥

对于苗株生长旺盛或偏旺的番茄秧苗（图 4-2-27）此期必须控制水肥供应。一般不浇水，也不追肥。否则，会形成徒长植株，田间郁蔽，植株第 1~3 花序的果实发育差，坐果少，果实小（图 4-2-28）。尤其对水肥供应上出现的水多肥少的苗株（图 4-2-29），不可浇水冲施化肥，应叶面喷施绿芬威、磷酸二氢钾等速效化肥，以促根健秧。

3. 使用抑制剂

发现苗株茎细而高的趋势，应及时使用抑制剂，可用 25% 甲哌鎓（助壮素、丰产灵）水剂 1 000 倍液喷雾，控制秧苗的株高。

4. 控制温度

此期应适当控制棚室内的温度，控温指标为：白天气温

图 4-2-27　苗株生长偏旺，需现蕾之前控水控肥

图 4-2-28　徒长的番茄苗株，到开花坐果期，田间郁蔽，下部果穗坐果少，结果小

图 4-2-29　供应水多肥少的番茄苗株

图 4-2-30　棚田设上地温表，不日检查一次地温

20~25℃，夜间 13~16℃，在地膜覆盖下的 5~10 厘米地温（图 4-2-30），比气温高 3~4℃。如此，有利于促进根系生长而壮秧。

5. 延长日照时间，增强光照强度

棚室番茄越冬茬、秋延茬和早春茬栽培的定植缓苗期之后的 15~20 天内，分别处在"立冬"至"大雪"、"白露"至"霜降"、"雨水"至"春分"期间，此期日照时间较短，光照强度较弱。在管理上要适时早揭晚盖草帘延长日照时间。

增加光照强度的措施有两条：一条是在日光温室的后墙面张

挂反光幕，增加棚室内反光照。二条是使棚膜采光性能保持良好。

6. 依据株形确定蹲苗

番茄秧苗生长过旺的，头太高，整株呈竖菱形或桶形（图4-2-31）；壮苗头平或略高于秧苗最宽度处，呈倒三角形（图4-2-32）；老苗生长点比长大的新叶片低，为凹凸四边形，则是过度蹲苗（图4-2-33）。

秧苗呈倒三角形或凹凸四边形时，应立即浇水、提温，调节生长势。

（1）头太高，植棵呈菱形；（2）生长过旺，侧枝过大，整棵呈桶形

图 4-2-31　生长过旺的番茄秧苗

（1）长势强劲而墩壮，株形呈倒三角形；（2）长势良好，植株的宽度大于高

图 4-2-32　番茄状秧

图4-2-33　过度蹲苗的番茄秧苗，植株呈凹凸四边形

7.冬春不良天气番茄秧苗的管理

（1）预防朔风、寒流、大雪天气灾害，在冬季和早春常因遇到朔风寒流大雪天气，大雪把冬暖大棚压塌，大风把大拱棚刮坏，（图4-2-34）。

预防这种灾害的措施是：在大风雪来袭的前一天下午对棚室覆盖保温时，添加保温被和浮膜。即先于棚膜上面覆盖一层保温被，最好选用聚乙烯发泡保温被或毡毛保温被（图4-2-35），然后再覆盖上草帘。最后再覆盖浮膜。三层覆盖保温后，用压膜绳（钢丝套皮）把浮膜、草帘、保温被压紧固，抵抗大风刮棚。

（1）大雪压塌了不少冬暖塑料大棚；（2）大风刮坏了不少拱圆大棚，菜农拿着冻死的菜苗，非常伤心

图4-2-34　2010年冬季的大风雪对寿光棚室蔬菜生产的破坏

下大雪时，扫雪要及时。如果中小雪可在停雪后清扫积雪。要是大雪或暴雪，那怕深更半夜，也要及时起床上棚扫雪。

建议扫雪时先清雪棚室的下半部分，然后再从上半部分往下扫（如图4-1-85所示），如此可防止棚室前脸处受压力过大出现倒塌。

（1）备好的聚乙烯发泡保温被；（2）在盖草帘前，先覆盖上了聚乙烯发泡保温被；（3）在盖草帘前，先盖毡毛保温被

图4-2-35　在大风雪来袭的前一天下午盖棚时，添加覆盖保温物

　　降雪以后，从棚室前脸处，解开压膜绳，将浮膜拖下来，浮膜上的雪自然也就从棚面上随浮膜滑下来。

　　（2）在连续多日阴雪低温天气情况下对番茄的管理　冬季常遇到多日时阴、时降小雪的连阴雪天气。在此情况下，如若只为了棚室保温，而多日不揭开草帘等不透明覆盖物，也不对棚室通风换气排湿和补充棚内空气的 CO_2 含量，则势必使番茄被捂黄（图4-2-36）和发生"酱油果"（图4-2-37）。连续阴雪低温的气候条件，也会使番茄的耐寒性能有所增强。因此，在管理上应掌握尽可能争取光照的原则，只要不是下中雪、大雪，就要于白天

图4-2-36　连续阴雪天气，多日不揭草帘等覆盖物的不当管理，使番茄得不到见光，并因不通风换气排湿，使叶子变黄了。严格的叶缘已呈现黄褐色

图4-2-37　各种症状的"酱油果"。因低温高湿使"酱油果"发生率增高

揭去棚室的覆盖保温不透光物，争取在阴天或降零星小雪天气时，及时扫除棚膜上的积雪，使棚内秧苗每日得到4~5小时的散光照和多云间隙光照。并在中午时开天窗通上风1小时左右，通风排湿，补充棚内空气的 CO_2 含量。

（3）连续阴雪天气，骤然转晴后对番茄的管理　阴雪低温天气连续3天以上，骤然转晴后，若将棚室的草帘等覆盖保温物全部揭去，使棚内秧苗得到晴光照后不到1小时，秧苗被晒得萎蔫了（图4-2-38），严重的已死亡。这就是常说的"棚室蔬菜闪秧"。闪秧的原因是：当地温达不到14℃时，根系不能吸收水份；当地温在14~18℃范围内，随着温度升高根系吸收水分量加大。连续阴雪低温天气，使棚室内的气温、地温都降低到14~16℃，甚至14℃以下，这时虽然根系吸收水份很少，但棚内的秧苗见不到阳光，叶子蒸腾量也很少，所以不会出现植株萎蔫现象。当天气骤然转晴

图4-2-38　连续阴雪低温天气骤然转晴后，出现的"闪秧"

揭去草帘后，阳光使棚内的气温很快升至18℃以上。随着气温的迅速升高，番茄的叶面蒸腾量也迅速加大。然而由于地温回升缓慢（地温比气温回升缓慢的原因是土壤的容积热容量是空气容积热容量的1 500~2 000倍液），根系吸水力差，甚至严重缺水而死亡。这里举一实例：1994年11月2日上午开始阴雪，多日时阴时雪，一直到11月14日上午才开晴无云。那时寿光市有15万亩棚室蔬菜，其中有3万亩棚田因开晴后把草帘等覆盖保温全揭开而造成闪秧死棵绝产。这一次严重的教训，使寿光菜农学会了"揭花帘（苦），喷温水，防闪秧"的技术。

防闪秧的工序是：隔1床草帘揭开1床草帘——对棚室内受到直射晴光照而开始呈现萎蔫现象的番茄喷洒20℃左右的温水（图4-2-39）——喷水后覆盖遮阳——将隔床覆盖的

图4-2-39　往番茄秧中喷洒20℃左右的温水，防闪秧萎蔫死棵

草帘揭开——棚室内受到直射晴光照的番茄开始呈现萎蔫现象时喷洒20℃左右的温水——然后放盖草帘遮阳——再揭开隔床覆盖遮阳的草帘……，如此反复进行，只到揭开草帘棚室内受到直射光照的番茄不出现萎蔫现象时，才将全棚室草帘都揭开转入常规管理。

（三）持续开花结果期的管理

1.开花坐果初期的管理

（1）控温、控水、控肥。这"三控"能够抑制茎叶生长过旺，使更多营养输送生殖器官中，从而促进正常的现蕾、开花、坐果和果实发育膨大。倘若，"三控"变为"三促"，即高温、追肥、浇水，势必生长过旺，过早封闭小行，植株不易坐果（图4-2-40）。

（1）植株生长过旺，肥枝过多，田间都闭杂乱，不坐果；
（2）植株生长过旺，开花坐果很少
图4-2-40　由于开花坐果初期盲目浇水、追肥和棚室内温度偏高

（2）抹杈。有1片展开叶之前的杈子为侧芽（图4-2-41），早抹去侧芽，可避免侧芽长成侧枝（图4-2-42）抹芽时，注意及时抹去主茎上叶片上的组织芽（图4-2-43）。

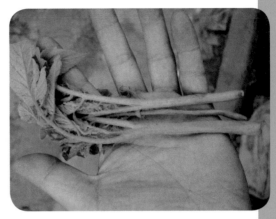

（1）从手捏处把杈子掐下来；（2）番茄抹杈的适宜大小

图 4-2-41　抹去番茄主茎上的杈子

图 4-2-42　未抹杈子，
形成大侧枝

（1）叶片、主茎、花序都发生了组织生芽；
（2）主茎上一丛组织生芽
图 4-2-43　番茄组织生芽

（3）人工授粉。授粉好的果实可产生大量的激素（向果素），引导更多的营养流向花部。授粉的方法包括手指弹（图 4-2-44）授粉、棒敲授粉（图 4-2-45）或晃动授粉。敲打或晃动时要小幅度，高频率。还可用喷粉器空摇吹风授粉，摇得小风轻吹。

（4）点花。用毛笔或筷子头上缠上棉絮，蘸 20~40 毫克/千克浓度的防落素液（对氯苯氧乙酸）点花（图 4-2-46），每两天点一遍正在开放的花，可以调节花部的激素水平。樱桃型番茄则可以喷花（图4-2-47），用喷壶装浓度为1~2毫克/千克的防落素液，对着花穗喷洒，喷花时戴上橡胶手套挡住枝叶，以防激素中毒。

图4-2-44 番茄弹指授粉

图4-2-45 番茄棒敲授粉。即用木棒敲打立架或吊绳铁丝

（1）用毛笔蘸防落素稀释液点花；（2）点花用的另一种方法是缠上棉絮；（3）点花的具体部位是花柄关节之前处。点花药液中对上红色颜料以作标记

图4-2-46 番茄点花

图4-2-47 用喷壶盛防落灵稀释液给番茄喷花

还可用2,4-D（二氯苯氧乙酸）给番茄点花，使用浓度为10~30毫克/千克。但不可用2,4-D稀释液给番茄喷花。否则，喷到茎叶上会使茎叶中毒变形（叶变鸡脚形，茎变得细而弯曲），不论是点花药或是喷花药，在上述使用浓度范围内，温度越高，使用浓度越低，反之，温度越低使用浓度越高。

（5）降低棚室内空气湿度。此期保持棚室内的空气湿度在
60%左右，则有利于散花粉和花粉萌芽。

（6）架蔓。番茄是半蔓性植物，
当主茎长至40~50厘米高时，要及时给
与架蔓。番茄架蔓的方式有吊架、插架、
网架等。樱桃型番茄留多蔓（单株留蔓
3~4条），宜使用网架（图4-2-48）。
可使其茎叶在网架上均匀分布，植株无
限生长类型番茄又单蔓整枝的多使用吊
架，吊秧蔓时可先将吊绳拴系在上面的
顺行吊架铁丝上垂下来，准备对番茄吊
架秧蔓（图4-2-49）。当番茄植株超过
30厘米后，逐渐不能支撑自身向上生
长时，需要将吊绳，用活扣拴在番茄秧
蔓的下部茎（图4-2-50）上，要松紧
适宜，利于以后盘头。如果吊蔓太早或
绳扣太紧，会勒住番茄的茎秆（图4-2-
51），尤其吊绳很细时，这种情况更为
严重，使整株番茄生长不良，产量大幅
度降低（图4-2-52）。为防止吊绳勒住
番茄的茎蔓，可在初期把吊绳拴系在木橛
或竹片上，插入土中，到果实膨大期时，
再把吊绳下端从土中抽出来，重新用活扣
拴系到番茄茎蔓的下段。

自封顶类型的番茄特别适宜于插架
架蔓（图4-2-53）。

如果在低矮的棚室内栽培番茄，
还可用斜架，即使番茄茎蔓向一边倾斜
40°~50°角，施行架蔓。

（7）整枝留蔓。在番茄整枝留蔓
上，多采取单蔓整枝，但自封顶类型

图4-2-48　用网架给樱桃
番茄架蔓

图4-2-49　准备吊秧蔓的
番茄

图4-2-50　用活扣把吊绳
拴系到番茄下部茎蔓上

番茄和樱桃型番茄又多采取留双蔓整枝（图4-2-54），甚至有的留四蔓整枝（图4-2-55）。在留单蔓整枝栽培上，常采取落蔓盘蔓(图4-2-56)以增加持续结果期和增加单株果穗数，从而提高产量。其实番茄无需要摘顶心，让它不停地生长，采取不停地落蔓栽培（图4-2-57）。

图 4-2-51　番茄吊蔓过早，拴绳过紧，茎蔓被勒坏

图 4-2-52　被吊绳勒住的番茄植株生长细弱，结果少，产量降低

图 4-2-53　番茄（1）双干（蔓）整枝大苗期；（2）双干（蔓）整枝结果期用插架架茎蔓

图 4-2-54　番茄留双干（蔓）

2. 果实膨大期的管理

此期管理主攻目标是：促进多坐果、果实膨大、果实成熟期着色快而好。使其结果足够多，发育得足够大，着色足够好，管理技术要点包括以下几点。

图 4-2-55　小果番茄四干（蔓）整枝栽培，下层果穗成熟后已采收

图 4-2-56　番茄落蔓后，植株继续生长，上部已生长出新花序

图 4-2-57　不摘顶心落蔓栽培

图 4-2-58　温度适宜下结果好

（1）调节好温度。以提高温度为主，把棚室温度调节为白天 27~31℃，夜间 20~24℃。充分利用光热资源促进果实发育，多坐果、膨果快，成熟着色好（图 4-2-58）。

在番茄持续结果期，若受低温不良影响，会出现许多低温障碍症状：

①连续多日低温，尤其夜温低于 16℃，昼温低于 22℃，易出现缺钾缺硼而发生筋腐病（图 4-2-59）。

②昼温不高于 20℃，即使光照条件好，番茄果实也着色不良（图 4-2-60）。

③阶段性低温又缺水，易使番茄发生束腰果（图 4-2-61）

④经做试验证明：光照条件再好，气温不到 20℃以上，番茄

青熟后不着色，就是用 40% 乙烯利 800 倍液涂抹后也不着色（图 4-2-62）。因此，提高棚室内的气温，是促进番茄青熟果着色的关键性措施。

图 4-2-59　低温易缺钾、缺硼，发生番茄筋腐病

图 4-2-60　昼温不高于 20℃，番茄果着色不良

图 4-2-61　番茄束腰果

图 4-2-62　气温小于 20℃，番茄果实青熟后不着色

图 4-2-63　日光温室顶部通风口安装调风膜

图 4-2-64　（1）大拱棚顶部通风口安装调风膜；（2）大拱棚两侧通风口安装调风膜

⑤日光温室顶部放风口处安装上调风膜（图 4-2-63）和大拱棚两侧及顶部都安装上调风膜（图 4-2-64）能使外界的凉风或冷风吹进棚室内及早散开，避免棚室内的番茄受凉风或冷风集中侵袭而发生低温障害。

⑥未安装上调风膜的棚室，通风时如果外界的冷风或凉风直接集中吹到某些番茄的植株上，易造成番茄果实皱皮（图 4-2-65）或皱皮木栓果（图 4-2-66）。因此，棚室通风口处设置调风膜很必要。

图 4-2-65　番茄皱皮果

图 4-2-66　番茄皱皮木栓果

（2）水肥供应。当大果型番茄第 1 花序的果实如核桃大小时（樱桃番茄第 1 花序坐住果 15 天左右），即浇坐果水并随水冲施坐果肥。坐果水要浇足，耕作层土壤湿透；坐果肥要每亩冲施氮磷钾总含量 45%~50% 的三元复合化肥 8~10 千克。此后，每隔 8~12 天，随水冲施 1 次肥，每次每亩冲施氮磷钾三元复合或氮钾二元复合速效化肥 6~8 千克。不可追施量过大，以免造成肥害（图 4-2-67）。对于基肥中有机肥料施用量较少的棚田，可于持续结果中期，结合浇水冲施 1~2 次经过沤制发酵腐熟的粪肥（图 4-2-68）。在封闭的棚室内追施的粪肥，必须是腐熟的，否则既污染环境又

图 4-2-67　棚室番茄追施化肥量过大造成肥害

产生肥料气害（图4-2-69）。施用方法是将粪肥先在棚室内的水池里稀释成粪汤，然后用粪桶提取逐畦随水冲施。一般每亩每次冲施粪肥500~1 000千克。

图4-2-68　棚室内给番茄冲施腐熟粪肥

图4-2-69　施用未经沤制腐熟的牛粪后，番茄发生肥害

　　番茄的持续结果期较长，易发生阶段性缺素症，在管理上应经常密切观察植株生态状况，发现缺素症时，对所缺元素及时追施给予补充。

　　①缺镁症（图4-2-70）：可每亩冲施硫酸镁2~3千克。

　　②缺钙症（图4-2-71）：番茄对钙的吸收靠钾元素（钾离子）带动，如果冲施了钙肥而土壤中缺钾，则钙不能被番茄的根系所吸收，仍然表现缺钙症状。因此，要亩施亩硝酸钙或硝酸铵钙6~8千克时，应配追施上硫酸钾4~6千克。

　　③缺钾症（图4-2-72）：可每亩棚田冲施硫酸钾8~10千克。或多次叶面喷洒磷酸二氢钾1千克对水1 000倍液。

　　④缺铁症（图4-2-73）：可每亩追施硫酸亚铁1~2千克。

　　⑤缺硼症（图4-2-74）：可每亩冲施四苯硼钠2千克左右。

　　⑥缺锰症（图4-2-75）：可叶面喷洒硫酸锰稀释液，适宜浓度为2.13毫克/千克。

　　⑦缺磷症（图4-2-76）：可每亩冲施磷酸二氢铵速效磷肥3~5千克。若缺磷又缺钾可叶面多次喷洒磷酸二氢钾1 000倍液。补磷又增钾。

图 4-2-70 缺镁症状　　图 4-2-71 缺钙症状　　　图 4-2-72 缺钾症状

图 4-2-73 缺铁　　（1）因缺棚番茄花败育；（2）缺硼果实发育不正常
　　症状　　　　　　　图 4-2-74 缺硼症状

图 4-2-75 缺锰症状　　　　图 4-2-76 缺磷症状

图 4-2-77 偏施氮肥过多，造成萼片过大和多心室

图 4-2-78 使用防落素喷花不保护叶片，导致叶片中毒

⑧偏施氮肥症。受传统落后的施肥习惯影响，目前棚室保护地番茄的缺氮症极少，倒是不少氮肥偏施过多（图 4-2-77）。

（3）点花或喷花。为确保层层坐果要持续点花或喷花，直到摘顶心或自封项。使用防落素喷花时防止把防落素喷到叶子上引起中毒。不保护叶片喷花，是防落素引起番茄中毒的主要原因（图 4-2-78）。

（4）疏果。将僵果、空洞果、畸形果、病虫果（图 4-2-79）和多杂果（图 4-2-80）等，凡是不能发育成正常果实的，而是白白消耗营养的劣果都要疏除，僵果是小老果，果色提前变成白色，而且全果反光（因僵果没有胎毛），而正常的小果果色深，深色是胎毛。空洞果经常是表面不圆滑，甚至起棱。疏果时，大果型品种一般每穗选留 3~6 个正常的果，但当生长势不强时，可选留得更少。

图 4-2-79 僵果、空洞果、畸形果、病虫果

图 4-2-80 果实大小不齐，应留大疏小

（5）抹芽和疏枝。要及时抹芽，不论大小，一律抹去，但最好不要超过 10 厘米长（图 4-2-81）。若忽视及时抹去侧芽，势必侧芽长成侧枝，甚至大侧枝上又发生侧芽，既消耗植株营养，又造成田间郁蔽（图 4-2-82）。发生于花序上的花前枝及时掐掉（图 4-2-83）。

图 4-2-81　侧芽多余，小于 10 厘米时抹去

图 4-2-82　未及时抹侧芽，侧芽长成大侧枝，大侧枝上又发生侧芽

图 4-2-83　花前枝

（6）叶密度调控。此操作包括去老叶、剪短过长的叶、摘除组织生芽、植株化控。

①去老叶：有些菜农在番茄果实正在发育膨大中（未达到绿熟期）就把它的同伸叶打去了（图 4-2-84），使得同伸果实失去同伸叶提供营养，使同伸果实发育或成熟推迟，甚至造成底层果

图 4-2-84　番茄打叶过早，留桩过高，造成发育成熟推迟，着色慢，着色不好

图 4-2-85　打叶过早，造成底层果实着色慢于上层

实着色慢于上层果实（图 4-2-85）。这种做法是不对的。

②剪短部分过长的叶：有些叶子长得 60 厘米以上，造成田间郁蔽，应将其剪去 1/3。

③摘除组织生芽：组织芽是多余的，应及时摘除。

④植株化控：高温季节很多品种容易旺长，要及时喷 1~2 次药剂。如助壮素（甲哌鎓）1 000~1 500 倍液控制旺长。不过使用控制剂不可浓度太大，否则会造成果实变扁（图 4-2-86）。

图 4-2-86　喷控制剂浓度过高，番茄发生扁果、扁得如盘桃

（7）吊果穗。随着果实发育膨大，果穗因重量加大而下垂。吊穗果（图 4-2-87）能防止穗梗被坠裂和下层果穗触地而发生裂果（图 4-2-88）等病害。

图 4-2-87　番茄吊果穗

图 4-2-88　（1）下层果穗因触地而发生裂果；（2）被吊起来，未触地面的果穗未发生裂果

（8）用顶杆顶除膜面积水。夏伏强光照射而高温，原来上得绷紧的塑料棚膜被晒得软松，遇雨后膜面上有积水，要及时用自制的顶水杆（图 4-2-89）顶棚膜，排除膜面积水。

图 4-2-89　用于棚面排除积水的顶水杆

（9）预防日灼和高温障碍。番茄是比较耐强光高温的作物，既使在夏伏期晴日正午前后强光高温时，只要棚室内湿度适中和通风较好，一般果实日灼（图4-2-90）和果实高温障碍（图4-2-91）少见发生。但是上部果实，在干旱、强光、高温的气候条件下，易发生日灼和高温障碍，有效预防的方法参见图4-1-47所示。

图4-2-90　番茄果实日灼

图4-2-91　番茄果实高温障碍

（10）病虫害防治。参见第六章 番茄主要病虫害的识别与防治。

3. 果实转色期的管理

早熟丰产型栽培（自封顶品种或植株无限生长型早熟品种提早摘顶心），转色期不延长，而且集中，管理上专促果实着色良好；而持续采收类型番茄栽培，果实开始转色后，管理上还必须兼顾继续坐果、膨果。技术措施包括以下几方面：

（1）调温、控水防裂果。为防裂果防霉污果（图4-2-92），在升温和降温过程中通风口要交替开关，缩小棚内外温差，使棚内夜间结露减轻，果面上露水少，着露时间短，同时控制浇水，尤其做到不突然浇水；若遇干旱时小水轻

图4-2-92　因棚室内外温差过大和浇水多，造成室内易结露，果实着露多而时间长，易发生裂果和霉污

浇，方能防止转色期裂果和霉污果。

（2）减少或停止追肥。

（3）摘顶心。对于早熟丰产栽培，单株三干或四干整枝的，每干留花序 2 个就摘去顶心。上部花序之上留 1~2 片叶。如此，单株留果穗 6 个或 8 个。对于植株无限生长类型，单干整枝的，在留足穗数和果数后，应及时摘心，高温季节摘心时在最高的花序（果穗）以上留 2~3 片叶以制造营养和防晒（图 4-2-93）。低温季节摘顶心时，顶部花序（果穗）之上只留 1 片叶甚至不留叶（图 4-94），为的是利于光照和增温促转色。也可不摘顶心，而落蔓，使其持续生长（图 4-2-95）。

图 4-2-93　在果穗以上留 2 叶摘去顶心

图 4-2-94　低温季节摘番茄顶心，最高果穗之上不留叶片，以利于果实接受光照和转色

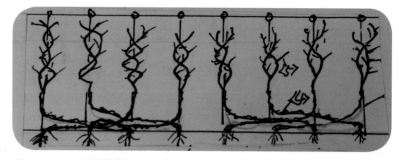

图 4-2-95　番茄落蔓后，摘去顶心，留顶部两个杈枝为干枝，持续生长结果

（4）疏枝、疏果、掰老叶。继续疏果和疏枝，同时掰去失去光合功能的老叶（图 4-2-96），以改善下层光照条件，促进下层已达绿熟期的果实转色和果色良好。去老叶的操作，最好不要用剪刀代替，否则容易感染病害（图 4-2-97）。

（5）病虫害防治。番茄果实转色期的病虫害防治工作，参见第五章。

图 4-2-96　掰除下层失去光合功能的老叶，改善光照条件，促下层果实转色、上色

图 4-2-97　用剪刀剪除底层老叶，感染了番茄红粉病，果实因红粉病而腐烂

（本章部分图片承蒙寿光市蔬菜技术推广站刘立功站长提供，在此谨表谢意！）

第五章　番茄主要病害和虫害的识别与防治

　　说起番茄病虫害防治技术时，有些菜农说："好农药防治病虫害的效果再好，也不如不发生病虫害"。这种说法肯定是正确的。但如何能使番茄不发生病害或少发生病害呢？这就关系到菜农朋友们对"防重于治"的思想认识和行动了。要在番茄病害和虫害预防上下功夫，首先是要搞好番茄生产上的环境调节，如前茬作物拉秧罢园后（图5-1-1），就要做到及时清洁田园、在翻耕地之前撒施上经过沤制发酵而腐熟的有机粪肥作基肥。在设置上避虫网（图5-1-2）的通风口处安装上调风膜（参见图4-1-156和图4-1-157），棚室门口安装上缓冲膜（图5-1-3）和采取晒种、温烫浸种等农业栽培技术的、物理技术的、生物技术的措施。在此棚室环境调节和绿色防控技术措施的基础上，实行"以防为主，综合防治"。在药剂防治番茄病虫害时，有生物药剂，也有化学药剂，当然首先使用生物学剂。就是使用化学药剂，也应以防为主，采取相隔10~20天喷1次药；交替使用广谱性抗真菌保护剂，如百菌清、代森锰锌等。防治细菌性病害，应首选用以枯草芽孢

图5-1-1　罢园后的棚室保护田

图5-1-2　冬暖大棚前窗口通风处设置避虫网，防止害虫迁入

图5-1-3　棚室门口安装缓冲膜，避免近门口处的番茄遭受冷风袭击而发生低温障碍

杆菌防治细菌的药剂，如"细卡""攻细""第一细"等生物杀细菌药剂。

发生病虫害时，要及早使用专门有效药剂控制和治疗。喷药时不要粗略，而要细喷，不漏喷，也不重复过量喷，过量喷药会发生药害（图5-1-4）。勿以为农药万能，忽视预防，只依靠药剂治疗或杀灭，结果病虫害加重，番茄严重减产，甚至近乎绝产。应该吸取这样的教训，掌握"以防为主，防重于治，综合防治"的技术原则，把番茄病虫害防治工作搞好。

图 5-1-4　过量喷药导致番茄发生药害

本章重点介绍棚室保护地番茄易发生、危害性大的50余种病害、虫害和生理性障碍病的诊断要点和药剂防治方法。

第一节　番茄主要病害的识别与防治

一、真菌性病害

（一）番茄猝倒病

1. 危害症状

土壤低温（16℃以下）高湿、浇水后积水处或棚顶滴水处，往往最先形成发病中心。光照不足，幼苗长势弱，也易发生此病。主要于子叶至1~2片真叶幼苗发病。多在接触地面幼苗茎基部发病，发病初期出现水渍状病斑，然后变褐色，干缩成线状。在子叶苗未呈现凋萎前，缢缩成线状（图5-1-5）。初发病时白天凋萎，夜间仍能恢复，如此历经2~3天，才出现较大面积的苗子猝倒症状。潮湿时发病部位往往产生白色霉层或腐烂。

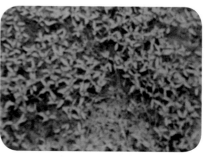

（1）幼苗发病微观症状；（2）苗畦发病中心病苗症状

图 5-1-5　番茄猝倒病

2. 防治方法

（1）预防。①用 52℃温汤浸种 30 分钟；②用经过消毒灭菌的基质穴盘育苗；③观察到刚出土的幼苗有发病苗头时，要及时喷药保护：用 72.2% 霜霉威水剂 600 倍液 +70% 代森联干悬浮剂 600 倍液均匀喷雾，视病情 7~10 天喷雾 1 次。

（2）防治。苗床一旦发现病苗，及时拔除，并及时选用如下配方喷药防治：

① 25% 甲霜灵可湿性粉剂 800 倍液 +70% 代森联干悬浮剂 600 倍液；

② 66.8% 丙森·异丙菌胺可湿性粉剂 600 倍液；

③ 35% 烯酰·福美双可湿性粉剂 1 000 倍液；

④ 70% 恶霉灵可湿性粉剂 2 000 倍液 +70% 代森联干悬浮剂 600 倍液；间隔 6~8 天喷淋苗床 1 次，每平方米喷施药液 2~3 升。

（二）番茄早疫病

1. 危害症状

番茄早疫病在棚室保护地上，一年四季都会发生，但在春、秋两季发病株率较高，病情较重。叶片上的病斑为圆形（图 5-1-6），黑褐色干枯，斑上有明显的轮纹。果实上的病斑也为圆形，黑褐色（图 5-1-7），有时病斑周围变成黄褐色或褐黄色。茎枝上也常发生类似的黑色病斑，但多为卵圆形。

图 5-1-6　番茄早疫病病叶

图 5-1-7　番茄早疫病果实上的病斑

2. 防治方法

（1）预防。搞好种子消毒灭菌：用 52℃温水浸种 30 分钟或用种子重量 0.4% 的 50% 克菌丹可湿性粉剂拌种；

（2）防治。发病初期用以下药剂选喷雾防治：

① 50% 异菌脲可湿性粉剂 800 倍液；

② 58% 甲霜·锰锌可湿性粉剂 500 倍液；

③ 44% 二氯异氰尿酸纳可湿性粉剂 1 000 倍液；

④ 40% 密霉胺悬浮剂 1 200 倍液 +75% 百菌清可湿性粉剂 600 倍液；视病情交替用药，间隔 7~10 天，连续防治 2~3 次。

（三）番茄晚疫病

1. 危害症状

低温高湿叶面结露或叶缘吐水情况下易发生番茄晚疫病。植株上部发病重于下部，尤其是顶触棚膜的枝叶，易染此病。晚疫病发病快，危害重。发病叶片背面出现浅的白色茸毛，然后变成褐色病斑(图 5-1-8)。发病茎秆为黑褐色，严重时，茎秆变黑枯死，（图 5-1-9）。发病果实表面为褐色，病斑不规则，严重时整个果实腐烂。

发病严重的几乎绝产（图 5-1-10）。田间湿度大时发病部位生出白色菌丝，病残体落在田面，菌丝散发，病害继续传播蔓延。

（1）叶片边和叶梗上的病斑；
（2）叶片上的不规则病斑
图 5-1-8　番茄晚疫病

茎秆上的病斑扩大，使
茎秆枯死，植株死亡
图 5-1-9　番茄晚疫病

（1）果实上发生病斑，严重时整个果实腐烂；（2）因晚疫病发生严重，
未及时防治，而造成几乎绝产
图 5-1-10　番茄晚疫病

2. 防治方法

（1）预防　①用 55℃温汤浸种 30 分钟，杀灭种子上所带病菌。②搞好调温排湿：使棚温白天 22~28℃，夜间 15~20℃。空气相对湿度不高于 75%。

（2）防治。发现病株及时进行药剂防治：

①用 72.2% 霜霉威水剂 600 倍液；

②用 58% 雷多米尔·锰锌可湿性粉剂 500 倍液；

③用 69% 烯酰马林·锰锌可湿性粉剂 1 500 倍液；

④用 25% 阿米西达（嘧菌酯）悬浮剂 800 倍液；

⑤用 72.2% 霜霉威盐酸水剂 800 倍液 +10% 氰霜唑悬浮剂 2 000 倍液；喷药时植株、地面全喷。

（四）番茄灰霉病

1. 危害症状

在温度 15~25℃、相对湿度超过 85% 持续 8 小时，则番茄灰霉病能持续发生。借点花、抹侧芽等农事操作传播病菌，败花或瓣断后遗留在植株上的侧芽首先感染（图 5-1-11 和图 5-1-12），然后再侵入其他部位，也常由叶边叶尖及幼果花萼的伤口感染（图 5-1-13 和图 5-1-14），感染的叶片上常有明显的轮纹（图 5-1-15）。果实变软腐。软腐的果面上生出许多灰色长毛，即灰霉（图 5-1-16）。每根灰毛的顶上有 1 个小郎头，就像扎进去的大头针一样。另外番茄果皮上经常见到一些大大小小的圆圈，有的书上称之为"鬼斑"（图 5-1-17），是由灰霉病孢子侵染造成的。

图 5-1-11 败花感染番茄灰霉病又传播无病叶片　　图 5-1-12 死亡叶片引发的番茄灰霉病及菌丝

图 5-1-13 番茄的叶边、叶尖发生的灰霉病症状　　图 5-1-14 番茄幼果萼片发生霉病斑　　图 5-1-15 番茄灰霉病，叶片上轮纹斑症状

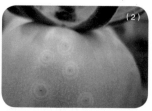

（1）大果型番茄果实上发生灰霉每根灰毛的顶上有1个小郎头；（2）小
果樱桃番茄果实上发生据查是由灰霉病孢子侵染造成的
图5-1-16　番茄灰霉病症状

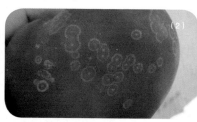

（1）青果上的"鬼斑"；（2）成熟果实上的"鬼斑"
图5-1-17　番茄霉病果实的"鬼斑"症状

2. 防治方法

（1）预防。

①高温烤棚5~7天，使棚温高达60℃以上，消毒灭菌；

②高垄地膜覆盖栽培，膜下浇水，控制棚内空气湿度；

③通风排湿，减轻叶面结露。

（2）防治。可选用以下杀菌剂或配方进行防治：

① 40% 二氯异氰尿酸纳可湿性粉剂（图5-1-18）1 000 倍液 +75% 百菌清可湿性粉剂 600 倍液；

② 50% 乙烯菌核利（农利灵）水分散粒剂 1 000 倍液 +70% 代森联干悬浮剂 600 倍液；

③ 40% 嘧霉胺悬浮剂 1 000 倍液 +75% 百菌清可湿性粉剂 600 倍液；

④ 26% 嘧胺·乙霉威水分散粒剂 1 500 倍液；

⑤ 2×10^8 活孢子木霉菌（图5-1-19）可湿性粉剂 600 倍液；喷雾防治，7~8 天 1 次，视病情连续防治 2~3 次。对茎枝上的灰霉病，可先刮净病斑，后涂药治疗（图5-1-20）。

图 5-1-18 防治灰霉病的主要保护剂药物之一 40% 二氯异氰尿酸钠（力效康）

图 5-1-19 生物制剂——木霉菌

图 5-1-20 番茄茎上的灰霉病，可先刮净，后涂药治疗

（五）番茄叶霉病

1. 危害症状

在高湿、高温、光照弱的条件下，利于番茄叶霉病的发生。发病初期在植株下层叶片的背面产生橙黄色霉斑（图 5-1-21），正面随后出现褪绿斑，后期向全株扩展，重症的植株，叶片前面霉层厚密，并连成片（图 5-1-22），从正面看，叶组织已枯死。

图 5-1-21 发病初期下层叶背面产生橙黄色霉斑，随后叶面出现褪绿斑

图 5-1-22 后期重病株的叶背面霉层厚密，并连成片，斑点处叶组织枯死

135

2. 防治方法

（1）预防。

①用 52℃温汤浸种 15 分钟，或采用 2% 武夷菌素水剂浸种；

②使用下列保护剂防止病菌侵入：20% 松脂酸铜（图 5-1-23）乳油 600 倍液，或 75% 百菌清可湿性粉剂 600 倍液喷雾防护。

（2）防治。可用下列杀菌剂或配方：

①50% 异菌脲悬浮剂 500 倍液；

②30% 醚菌酯悬浮剂 2 500 倍液；

③25% 多·福·锌可湿性粉剂 1 500 倍液；

图 5-1-23　松脂酸铜为有机铜防护剂

④20% 丙硫·多菌灵悬浮剂 2 000 倍液 +75% 百菌清可湿性粉剂 500 倍液；⑤40% 嘧霉胺可湿性粉剂 1 000 倍液 +70% 代森锰锌可湿性粉剂 700 倍液；均匀喷雾，隔 7~8 天喷 1 次，视病情连续防治 2~3 次。

（六）番茄绵疫病

1. 危害症状

主要危害果实，初期果面没有霉层，只是有浅褐色病斑，病斑发展很快而较大，病斑中心变色越深，后期果实越变软，外面生有白毛，白毛增多，变为黑褐色（图 5-1-24）。高温、阴凉气候利于发生此病。

图 5-1-24　绵疫病发生后期，疫霉菌丝由白色变成黑褐色

2. 防治方法

番茄绵疫病的防治方法同番茄晚疫病。

（七）番茄白粉病

1. 危害症状

番茄白粉病多发生在番茄生长中后期，叶片、叶柄、茎及果实上都会发病，但以叶片发病受害较重。先于叶片正面出现白色粉状斑（图5-1-25），像散落的面粉一样。然后白粉病斑下的叶组织变黄。发病严重的叶片正反两面布满白粉（图5-1-26）。最后叶片枯死（图5-1-27）。

图 5-1-25 番茄白粉病发生初期，叶片正面的白色粉状斑

图 5-1-26 番茄白粉病发生严重，叶片正反两面布满白粉

图 5-1-27 番茄白粉病发生严重，后期植株下层的发病叶片都已枯死

2. 防治方法

（1）预防。

①注意选用抗病品种；

②严格控制棚室内空气湿度；

③及时清洁田园，对病残体，集中烧毁或深埋。

（2）防治。发病初期可采用以下杀菌剂进行防治：

① 30% 醚菌·啶酰菌悬浮剂 2 500 倍液；

② 70% 硫磺·甲硫灵可湿性粉剂 900 倍液；

③ 62.5% 腈菌唑·代森锰锌可湿性粉剂 600 倍液；

④ 25% 乙嘧粉悬浮剂 2 000 倍液 +50% 异菌腺 500 倍液；周到细致地喷雾，5~7 天喷 1 次，视病情连续喷治 2~4 次；

⑤每亩棚田用 45% 的菌清烟剂 300 克，暗火点燃，熏烟一夜。

（八）番茄斑枯病

1. 危害症状

主要危害叶片、茎、花萼，尤其在开花结果期的叶片上发病最多，其特点是斑点小，病斑中心发白，外层有个黑圈，像鱼眼（图 5-1-28 和图 5-1-29），叶片背面表现得更明显。发病严重时，众多病斑相连导致叶片枯死（图 5-1-30）。

 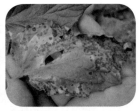

图 5-1-28　叶片正面病斑症状　　图 5-1-29　叶片背面病斑症状　　图 5-1-30　发生严重时，众多病斑相连，导致叶片枯死

2. 防治方法

（1）预防。

①前茬罢园后，彻底清除田间病残体；

②施用沤制发酵腐熟的有机肥料；

③用 52℃温汤浸种 30 分钟，消灭种子带的病菌；

④改善棚室的光照、通风排湿条件。

（2）防治。发现此病及时施药防治，可选用：

① 58% 甲霜·锰锌可湿性粉剂 500 倍液；

② 50% 朴海因（异菌脲）可湿性粉剂 1 000 倍液；

③ 80% 代森锰锌可湿性粉剂 800 倍液；

④ 50% 异菌脲悬浮剂 900 倍液；

⑤ 50% 腐霉剂可湿性粉剂 1 000 倍液，+70% 代森联干悬浮剂 800 倍液。

要均匀喷雾，7~8 天喷 1 次，连续喷治 2~3 次。

（九）番茄灰斑病

1. 危害症状

番茄灰斑病主要危害叶片，发病初期出现黑褐色小斑点（图5-1-31），中期病斑扩大，变黑灰色（图5-1-32），后期病斑破裂，叶片缺边和穿孔（图5-1-33）。

图 5-1-31　叶片上发生黑褐色小斑点造成叶片缺边、少缘、穿孔

图 5-1-32　发病中期病斑略扩大，变黑灰色，病部灰枯死亡

图 5-1-33　后期叶病上的灰斑破裂，造成叶片缺边和穿孔

2. 防治方法

（1）预防。

①与非茄果类蔬菜轮作 2~3 年以上；

②适当降低栽培密度；

③棚室保护地番茄浇水后及时放风排湿。

（2）防治。发病初期，可选择以下杀菌剂进行防治：

①50% 异菌脲液剂 500 倍液；

②40% 多·硫悬浮剂 700 倍液；

③10% 苯醚甲环唑水分散粒剂 1 500 倍液；

④47% 春雷·王铜（加瑞农）可湿性粉剂 600 倍液；

⑤12% 松脂酸铜（铜道）悬浮剂 600 倍液；间隔 7~8 天喷 1 次，视病情连续喷治 2~3 次。

（十）番茄炭疽病

1. 危害症状

番茄炭疽病主要危害成熟过程中的果实，初期症状为水渍状小斑点，扩大后呈黑色，略凹陷，后期易裂，有时病斑上有几圈轮纹和很多小黑点（图5-1-34）。

（1）大果型番茄成熟期果实上的病斑；（2）樱桃番茄绿熟期果实的病斑症状
图 5-1-34　番茄炭疽病

2. 防治方法

（1）预防。
①使用无病菌种子；
②前茬罢园后彻底清除病残体。
（2）防治。发病初期及时选用下列药剂防治：
①20% 苯醚·咪鲜胺微乳剂 3 000 倍液；
②20% 唑菌胺酯水分散粒剂 1 000 倍液；
③70% 福·甲·硫磺可湿性粉剂 700 倍液；
④25% 溴菌·多菌灵（杰信）可湿性粉剂 400 倍液；
⑤16% 咪鲜·异菌脲（库力班）悬浮剂 700 倍液；均匀喷雾，间隔 7 天喷 1 次，视病情喷治 1~3 次。

（十一）番茄茎基腐病

1. 危害症状

在茎基部接近地表处变成褐色，表皮烂掉（图5-1-35），看上去明显变细。后期病部稍往上伸延(图5-1-36),有的茎裂、内糠、根坏（图5-1-37）,茎上长出许多气生根。

图 5-1-35 茎基表皮变褐色，烂掉，变细

图 5-1-36 后期病部往上伸延

图 5-1-37 茎裂内糠，根坏

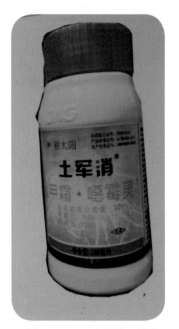

图 5-1-38 土军消，治土传根病的良药

2.防治方法

（1）预防。

①用 2% 武夷菌素水剂 100 倍液浸种 60 分钟；

②要适当控制浇水量和浇水次数。

（2）防治。发病初期可采用以下杀菌剂防治：

①用 30% 土军消 TM（甲霜·噁霉灵）（图 5-1-38）750~1 000 倍液；

② 30% 丁戊已二元酸铜可湿性粉剂 800 倍液 +70% 乙铝·锰锌可湿性粉剂 1 000 倍液；

③ 50% 异菌脲悬浮剂 1 000 倍液；

④ 250 克/升嘧菌酯悬浮剂 2 000 倍液；

均匀喷雾和喷淋茎基部和淋浇茎基处的土壤。

（十二）番茄灰叶斑病

1. 危害症状

只危害叶片，发病初期叶面布满绿色圆形或近圆形的小斑点，后在叶脉之间向四周扩展呈不规则形，中部逐渐褪绿、变为灰白色至灰褐色、稍凹陷的病斑，多较小，变薄，后期易破裂，穿孔（图5-1-39和图5-1-40）。

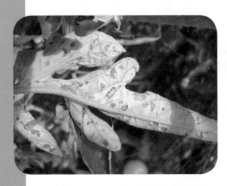

图 5-1-39　发病初期叶片发病　　　图 5-1-40　发病后期叶片背面和正面
　　　　　　症状　　　　　　　　　　　　　　　发病症状

2. 防治方法

（1）预防。
①增施有机肥和磷钾肥，喷洒叶面肥，增强植株抗病力；
②消灭侵染病原，前茬罢园后，及时清除病残体，集中焚烧。
（2）防治。参见番茄灰斑病的防治。

（十三）番茄绵腐病，又继发灰霉病

1. 危害症状

番茄绵腐病多发生于近田面果实和受伤果实上，染病后的果实表面着生大量白毛，一般不掺其他颜色。但是在灰霉病常发生的棚田，常看到绵腐病的白毛被大量灰毛所覆盖（图5-1-41），仔细观察发现，除了未被灰毛所覆盖的白毛外，在灰毛层下仍有白毛。这两种病，只要在果实上发生一种，即导致果实腐烂，失去食用价值。

（1）番茄绵腐病的病果症状；（2）病果上继发灰霉病症状
图 5-1-41

2.防治方法

（1）预防。参照番茄灰霉病的预防措施。

（2）防治。于发病初期，及时采用以下杀菌剂进行防治：

① 50% 异菌脲可湿性粉剂 1 200 倍液；

② 47% 春雷·氧氯化铜（加瑞农）可湿性粉剂 700 倍液；

③ 12% 松脂酸铜（铜道）悬浮剂 800 倍液；

④ 10% 苯醚甲环唑水分散粒剂 2 000 倍液 +70% 代森锰锌可湿性粉剂 600 倍液。

间隔 7 天左右喷 1 次，视病情连续喷治 2~3 次。

（十四）番茄根腐病

1.危害症状

番茄根腐病的直观现象是叶片萎蔫（图 5-1-42）。

易剥落（图 5-1-43）有的表现为侧根一段段地变褐色，这是因为

图 5-1-42 番茄根腐病导致叶片下有的叶片萎蔫症状

143

病菌不同或侵染时期不同造成的。

2. 防治方法

（1）预防。

①前茬拉秧罢园后及时清洁棚田，彻底清除病残体；

②耕翻地后别耥垡，倘垡高温烤棚，以高温杀灭土壤中病菌；

图 5-1-43　番茄根腐病，主根表皮变黑褐，易剥落的症状，但首先是根部坏死，有的表现为主根表皮变黑

③所施的有机肥料必须是经过沤制发酵腐熟的。

（2）防治。发现病株及时采用以下杀菌剂稀释液灌根：

① 30% 土菌清（甲霜·噁霉灵）水乳剂 800 倍液；

② 50% 异菌脲悬浮剂 800 倍液；

③ 250 克 / 升嘧菌酯悬浮剂 2 000 倍液；

④ 35% 甲霜·福美双可湿性粉剂 600 倍液，每样灌药水 250~300 毫升。

（十五）番茄枯萎病

1. 危害症状

番茄枯萎病的主要症状是叶片萎蔫，有的植株一边的叶片萎

图 5-1-44　茎部病害症状茎的斜截面形态

图 5-1-45　无病植株茎的斜截面形态

蔫，茎内木质部变成褐色，尤其是茎的下段（图5-1-44），皮层一般不腐烂。但与无病植株的茎显然不同。（图5-1-45）。

2.防治方法

（1）预防。

①选用抗枯萎病的品种；

②以野生番茄或野生茄子作砧木，嫁接育番茄苗；

③与非茄果类蔬菜实行五年以上轮作换茬。

（2）防治。用与防治根腐病相同的措施进行防治。

二、细菌性病害

（一）番茄疮痂病

1.危害症状

番茄疮痂病主要发生于果实上（图5-1-46），病斑如附在果面的疮痂（图5-1-47）。有时叶片上也感病，病斑呈群居的小黄点（图5-1-48），没有明显的疮痂。茎上发生的病斑似疮痂，但多呈长椭圆形和不规则形（图5-1-49）。

图 5-1-46 番茄疮痂病发生于幼果上的症状

图 5-1-47 番茄疮痂病发生于绿熟果上的症状

图 5-1-48　番茄疮痂病
叶片上的症状

图 5-1-49　番茄疮痂病茎上
的症状

2. 防治方法

（1）预防。

①发病重的棚田，实行 2~3 年与非茄果蔬菜轮作；

②用 1% 次氯酸钠溶液浸种 20~30 分钟后，再按常规浸种催芽。

（2）防治。发病初期，采用以下药剂喷雾：

①20% 松脂酸铜（一铜天下）乳油 800 倍液；

图 5-1-50　生物杀菌剂"第一细"

②40% 喹啉铜乳油 2 000 倍液；

③25% 络氨铜水剂 300 倍液；

④47% 加瑞农（春雷·氧氯化铜）可湿性粉剂 600 倍液；

⑤72% 农用硫酸链霉素可溶性粉剂 2 000 倍液；

⑥对连年发生此病的棚田要选用"第一细（每克含枯草芽孢 2 亿个）"图 5-1-50可湿性粉剂 1 000 倍液喷布全棚（植株、地面、水渠、走道等全部喷洒）7~10 天 1 次，连续喷 2~3 次。

（二）番茄溃疡病

1. 危害症状

番茄溃疡病主要感染茎和果实，茎被害后髓部变红褐色，逐渐变成空腔（图5-1-51）。有时从茎的上段或中段发病，而往茎下段感染扩展（图5-1-52），茎裂流菌脓。果实被害形成略凸起的麻雀眼状的病斑（图5-1-53），即中心有个黑点的小白疙瘩。

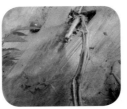

图5-1-51 番茄溃疡病，后期茎变黑色，成为空腔

图5-1-52 从茎上段、中段、往下段感染扩展

图5-1-53 果实上的病害症状，有麻雀眼状的略凸起病斑

2. 防治方法

对番茄溃疡病的防治，同番茄疮痂病（略）。另外，选用抗溃疡病的优良品种是预防溃疡病的最好措施。

（三）番茄髓枯病

1. 危害症状

番茄髓枯病的主要危害症状是茎髓变成深褐色或黑褐色坏死。病菌多从茎节伤口或虫害伤口或气孔侵入，开始发病（图5-1-54）。在发病过程中，茎裂、流脓、形成空心茎（图5-1-55），叶片上也有不规则形状的褐色斑点（图5-1-56）。茎病部由下往上逐渐扩展，造成植株大部分茎段髓坏死。植株长势极弱，严重者枯死。

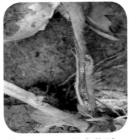

图5-1-54 从茎节伤口开始发病

图5-1-55 形成茎裂、髓部坏死、茎空心

图5-1-56 形成茎裂、髓部坏死、茎空心

2.防治方法

番茄髓枯病的防治，同番茄疮痂病。

（四）番茄细菌性斑疹病

1.危害症状

番茄细菌性斑疹病危害叶片和果实。发病叶片上表现黑褐色小班点（图5-1-57），小斑点周围有黄色晕圈，在果实上表现为绿点，果实转色成熟时，其绿点仍然存在，不变成红色。（图5-1-58）。

图 5-1-57　叶片发病症状

图 5-1-58　转色期果实上的发病症状

2.防治方法

番茄细菌性斑疹病的防治方法，同番茄疮痂病的防治（略）。

（五）番茄软腐病

1.危害症状

番茄软腐病主要感染果实，使果实变色、变软，腐烂（图5-1-59）。受害果实内部都变得像稀粥一样流出，严重的导致整个果穗的果实腐烂、流水、掉落（图5-1-60）。空气干燥时可以剩下一层薄薄的果皮挂在植株上，有时茎秆也感病，是通过抹侧芽或打老叶的伤口感染此病而形成（图 5-1-61）褐色大斑。

番茄软腐病最主要特点是恶臭，难闻。

图 5-1-59 青果期感染，果实腐烂出水症状

图 5-1-60 后期果实掉落，腐烂出水症状

图 5-1-61 因打老叶感染，在茎节处形成褐色大斑

2. 防治方法

番茄软腐病的防治方法与番茄疮痂病的防治方法相同（略）。

三、番茄病毒性病害

（一）番茄黄化曲叶病毒病

1. 危害症状

番茄黄化曲叶病毒病，由 TYLCV 病毒侵染而发病，简称 TY 病毒病。发病植株的典型症状是：植株严重矮化，枝条直立丛簇；叶片明显变小，增厚，皱缩，向上卷曲呈杯状，盘状；植株顶部形似菜花，病叶边缘鲜黄色，叶脉间也变黄；大部分花穗凋萎，结果稀少。特别是苗期受侵害图（图 5-1-62），产量极低（图 5-1-63）。

图 5-1-62　番茄病毒病苗期病
害症状

图 5-1-63　番茄 TY 病毒病成株期病
害症状

2. 防治方法

（1）预防　严格选用抗病品种。

（2）防治　发现 TY 病毒病及时用药防治。在山东寿光蔬菜集中产区近 6 年来通过防治番茄黄化曲叶病毒的实践，筛选出了能够有效控制此病发生发展的药剂配方，其中 4 个有效配方是每 15 千克清水加入药剂。配方一：2% 抗毒鹰 TM（胺鲜酯和抗病毒因子）水剂 10 毫升 + 芯展 1 号（纯天然抗病毒精华素和高活性抗逆基因酶）20 毫升 + 糖醇锌 30 克 + 多抗霉素（禾康）200 毫升 + 威芭绿（海洋多糖岛朊酸生长素、细胞分裂素和赤酶酸及 70 余种矿质元素和维生素）15 毫升。配方二：33% 金毒克 TM（30% 盐酸吗啉胍和 3% 三氮唑核苷）20 毫升 +2% 抗毒鹰 TM（胺鲜酯和抗病毒因子）15 毫升，+21% 过氧酸水剂 30 毫升 +15% 糖醇锌液 20 毫升；配方三：13% 毒霸乳油（10% 酰胺基酚和 3% 氨基寡糖素）20 毫升，+绿泰宝（0.05% 核苷酸等水剂）30~50 毫升，+2% 胺酰酯 15 毫升，+15% 糖醇锌液 15 毫升；配方四：20% 病毒克 TM（氨基寡糖素·三氮唑核苷·盐酸吗啉胍）可湿性粉剂 20 克 + 碧绿（芸薹素、赤霉素、吲哚乙酸）20 毫升，+绿泰宝（0.05% 核苷酸等水剂）30~50 毫升，2% 胺鲜酯水剂 15 毫升。以上 4 个配方，选择其一，将药剂混合均匀后喷洒全株，5~6 天防治 1 次，直至病情消失。

喷施上述药剂应注意以下 5 点。

①棚田内一旦发现 1~2 株番茄表现黄化曲叶病毒病症状时，立刻采用上述药剂配方之一，对全田所有植株喷洒防治。可选用 1 个或 2 个配方轮换交替施用。6 天左右喷 1 次，直至留足果穗摘心

后（或有限生长自封顶后）方可停止药剂防治。在药剂防治 TY 病毒病的同时，还应注意及时防治烟粉虱和白粉虱。

②因 TY 病毒属双生病毒科，到目前尚未有药剂能对其杀灭，但施用上述配方药剂，能有效控制病株率上升，并能控制内潜 TY 的植株出现病状，使其正常生长发育，获得良好收成。

③因 TY 病毒对番茄植株向上感染，而不向下感染，对已有 2~3 穗果后才发现病状的植株，不要拔除病株，只剪去上部出现病症部分，保留下部无发病症状的叶片、果穗和叶腋发出的新芽或形成的侧枝。在施用配方药剂防治的条件下，不仅植株下部无病状的部分不表现症状，而且新萌发的侧枝也表现正常生长开花结果。但在后期停止施药后，植株顶部发出的腋芽仍表现感染 TY 的症状。

④上述药剂配方，可适用于番茄制种田防治 TY 病毒病的经验和实践证明，生产的种子不携带番茄黄化曲叶病毒，幼苗也不带 TY 病毒。

⑤此 4 个配方药剂，也适用于番茄的其他类型病毒病和其他蔬菜作物的多种类型病毒病的防治。

（二）番茄蕨叶型、花叶型、卷叶型、条斑型等病毒病

1. 危害症状

不论哪类型的番茄病毒病，都传毒快，危害重。一旦感染病毒，全株带病毒，可通过媒介广泛传播。不同类型的病毒病，其症状显著不同。蕨叶病毒病（图 5-1-64）的症状特点是叶片下垂，不生长宽度，失亮甚至似一条线。花叶型病毒病的症状特点是叶片呈现黄绿相间的花斑，黄凹绿凸（图 5-1-65）。卷叶型病毒病的症状是全株叶片卷曲（图 5-1-66）。条斑型病毒病（图 5-1-67）的症状特点是在果实和茎上出现褐色条形坏死斑，尤其在发育中的青果上表现明显（图 5-1-68 和图 5-1-69）。

图 5-1-64　番茄
厥叶病毒病

图 5-1-65　番茄花叶病毒病症状

图 5-1-66　番茄卷叶
病毒病症状

图 5-1-67　番茄条斑病毒病植株症状

图 5-1-68　樱桃型番茄发生
条斑病毒病，病害幼果的症状

图 5-1-69　番茄条斑病毒病，被害果实的症状

2. 防治方法

（1）预防。

①可用 10% 磷酸三钠溶液浸种 20 分钟，用清水洗净后再播种；

②在定植前后各喷 1 次 24% 混脂酸铜水剂 700 倍液，诱导

番茄耐病又增产；

③及时 防治蚜虫、烟粉虱、白粉虱。

（2）防治。除选用上述防治番茄 TY 病毒病的配方外，还可用以下配方进行防治：

① 3% 三氮唑核苷水剂 500 倍液 +0.01 芸薹内酯乳油 3 000 倍液；

② 2% 宁南霉素水剂 400 倍液；

③ 3.85% 三氮唑·铜·锌水乳剂 700 倍液；

④ 25% 盐酸吗啉胍可湿性粉剂 700 倍液；均匀喷雾，从幼苗开始，每隔 5~7 天喷 1 次，直至病情消失。

四、番茄生理性病害

（一）番茄低温障碍

1.危害症状

棚室采光保温性能差，又遇寒流低温天气，使棚内凌晨最低气温 6~7℃，连续 2~3 日，或 1 日凌晨气温降到 5~6℃历经 2 小时以上，使棚内番茄遭受低温障碍或通风窗口关闭不严，遇冷风而遭受低温障碍（图 6-1-70、图 6-1-71、图 6-1-72）。其症状特点是：生长缓慢，节间短，叶色暗淡，甚至暗紫色。

2.防治方法

（1）预防。提高棚室保温性能和增施磷、钾、硼肥，增强植株抗寒性能。

（2）防治。

①当轻微低温障碍时，可叶面喷施补充速效磷、硼肥；

②连续两日以上低温天气，骤然转晴时，要采取"揭花帘，喷温水，防闪秧死棵"（参见第四章 第二节 番茄缓苗期管理 在冬春不良天气情况下番茄秧苗的管理）。

（1）开花期症状，暗紫色叶片，缺鳞；（2）结果期症状，叶垂干边，叶面紫绿，
且有白干斑，果实小而转色缓慢

图 5-1-70　番茄调温障碍

（1）冲门口处的植株低温障碍症状；（2）棚室前窗未关闭严，吹进寒风
造成的低温障碍症状

图 5-1-71　寒风吹过造成的番茄低温障碍

图 5-1-72　低温障碍症状：生长缓慢，节间短，叶色暗淡，甚至暗紫色

（二）番茄筋腐病

1. 危害症状

番茄筋腐病果实表皮呈现灰绿色，不能转为正常成熟的颜色（图5-1-73），果面略起棱。果内黑筋到黑果肉，失去商品性（图5-1-74）。此病因缺钾和低温导致，植株表现为老叶从叶尖和叶边开始黄化。

图 5-1-73　果实呈灰绿色，果面略起棱

2. 防治方法

（1）预防。

①从施基肥到苗期、结果期都要注意施钾肥；

②番茄结果期特别注重提高棚温，因为高温是促进番茄对钾的吸收，也是促进果实转色的主要因素。

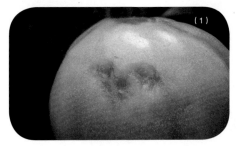

（1）果实表皮症状，（2）左：筋腐病果肉，右：正常果肉

图 5-1-74　番茄筋腐病症状

（2）防治。

①结果初期发现有缺钾症状时及时追施钾肥，可先行叶面喷洒磷酸二氢钾 1 000 倍液，5~6 天喷 1 次，连续喷施 3~4 次。然后结合浇水每亩冲施硫酸钾 8~10 千克；

②提高棚温使棚室内气温昼间 25~30℃，夜间 14~20℃。

（三）番茄脐腐病

1. 危害症状

番茄脐腐病危害症状特点是脐部先变软，腐败，然后变黑。一般多个果实一齐发病（图 5-1-75 和图 5-1-76）。

有关科研资料报道，土壤中缺钙使番茄植株缺钙素营养是造成脐腐病的主要原因。但是即使土壤中不缺钙而缺钾，也会发生脐腐病。原因是番茄对钙的吸收，靠钾（离子）来带动，缺钾，则钙不能被吸收。仍会因缺钙（图 5-1-77），导致发生脐腐病。

图 5-1-75 番茄缺钾症状

图 5-1-76 番茄缺钾症状

图 5-1-77 樱桃番茄果实
成串的产生脐腐病

图 5-1-78 番茄缺钙较重的植株上部叶片
的症状

2.防治方法

（1）预防。在基肥中，每亩施过磷酸钙 100~150 千克。

（2）防治。在定植后的秧苗期观察到有缺钙症状的苗头时，要及时叶面喷施硝酸钙 500 倍液，或钙宝速效肥 1 000 倍液。间隔 7~8 天喷施 1 次，连续喷施 2~3 次。进入结果期，结合浇水，每次每亩冲施硝酸钙和硝酸钾各 3~4 千克。

（四）番茄木栓果

1.危害症状

番茄木栓果的症状是果皮老化和表皮皲裂（图 6-1-79）和表皮生皲疙瘩（图 6-1-80）。番茄木栓果是因为土壤中缺硼元素造成的。番茄在果实未膨大之前的缺硼症状是：顶部心叶和嫩叶都小，叶色不光泽，偏黑绿。而在果实膨大后期转色不良，果实表皮出现上述木栓果症状。

图 5-1-79 番茄木栓果症状
之一，表皮皲裂

图 5-1-80 番茄木栓果症状之二，表皮皲疙瘩

图 5-1-81 番茄木栓果症状之 三，果实表皮皲裂和果型不正常

图 5-1-82 番茄缺硼症状，表现为心叶 小，颜色不正常

2. 防治方法

（1）预防。以每亩棚田施用硼砂（四苯硼钠）2 千克左右，和硫酸钾 6~8 千克，以钾带动硼，供番茄吸收。

（2）防治。从苗期开始观察到番茄缺硼，叶面喷施硼砂 1 000 倍液，连续喷施 2 次，然后随冲施其他化肥，每亩补施硼砂 1.5~2 千克。

（五）番茄心腐病

1. 危害症状

番茄心腐病俗称黑心病。从外表看果实似乎正常，但果肉已有部分黑色变质。此病是从花针处（雌蕊柱头）通到番茄果实内部（图 5-1-83）。该病虽较少见，但往往是因发病造成较大损失。

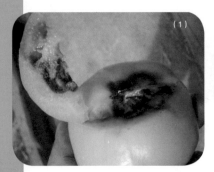

（1）绿熟果实心腐； （2）转色期果实心腐
图 5-1-83 番茄心腐病症状

2.防治方法

（1）预防。有些专家认为番茄心腐病是生理性病害。但也有些专家认为是病毒从花针处侵入危害所致。既如此，在蘸花时加入宁南霉素防治，却发现此时防治已较晚了。如果是病毒侵染所致，应于播种前先用 10% 的磷酸三钠溶液浸种 20~30 分钟，再以常规法对种子处理，这样把预防病毒侵染的措施，实施在番茄生长发育的最早期。

（2）防治。目前，对番茄心腐病的防治，在生产中少见有实质性的有效措施。

（六）番茄青肩果、穿线果、天窗果

1.危害症状

青肩果：果肩部不转色，果实成熟后，其他部位转色而变为本品种的成熟果色，而肩部仍为青色，而且青色的果皮硬（图5-1-84）；穿线果，果实膨大得足够大时，仍有一条纵向线或沟，但全果转色正常（图5-1-85）；开窗果：果实纵裂一道口子，

图 5-1-84　番茄青肩果症状　　　　图 5-1-85　番茄穿线果症状

有时因裂口处感染其他病菌而发生病变（图5-1-86）。生产实践表明，产生上述不正常果实的原因是氮肥供应过量，使分

化的花芽不正常所致。氮供应过量的植株症状是：枝叶茂密，叶大而色深（图5-1-87），喷洒了助壮素或矮壮素的，茎秆过粗，株顶弯曲，心叶扭曲，凡这样的植株易发生上述症状病果。

图5-1-86 番茄开窗果并感染　　图5-1-87 番茄氮肥供应过量的植株发生
其他菌的症状　　　　　　　上述症状病果

2. 防治方法

（1）预防。采取平衡施肥，尤其在苗期至生育前半期，适当控制氮肥用量。

（2）防治。一旦发现番茄氮过量症状时，要采取以下措施：每株去掉1~2片展开叶片；勤抹侧芽；停施氮肥；减少浇水；多留果实；节间太长时要喷30%助壮素水剂2 000倍液；如果需要追肥，应少量追施硫酸钾。

（七）番茄芽枯病

1. 危害症状

番茄芽枯病的症状表现为主茎上靠近顶部的位置，出现似虫蛀而又像裂缝凹陷（图5-1-88），主要是高温缺硼造成的。

2. 防治方法

在高温季度要特别注意控温，防止棚内温度高出32℃。一旦发现有芽枯时，应立即采取降温措施，随后叶面喷洒四苯棚钠（硼砂肥）1 000倍液。

（八）番茄日灼和假黑斑病

1.危害症状

番茄日灼病是因为光照太强造成的。光照强的原因不只是夏日直射光照强度大，还增加了番茄植株体中某些上部叶片的反光照。所以

图 5-1-88　番茄芽枯病症状

在被照的某一小面积上，光照强度特别大，造成日灼。苗期可灼伤叶片（图 5-1-89），结果期可以灼伤没有叶片遮挡的果实，使果实转色不良（图 5-1-90）。果实灼伤后，湿度大时容易腐烂，湿度小时则容易感染黑斑病（图 5-1-91）。由日灼后感染的黑斑病，称假黑斑病（图 5-1-92）。

图 5-1-89　番茄叶片日灼症状

图 5-1-90　番茄果实因日灼转色不良

图 5-1-91　番茄果实后期感染黑斑病
症状

图 5-1-92　番茄因日灼后感染的黑斑病，为假黑斑病症状

2.防治方法

（1）预防。

①夏茬栽培适当增加密度；

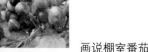

②番茄摘顶心时最上部的果穗以上要留 2 片叶；

③高温季节要将棚膜外面撩上泥浆以降低采光率。

（2）防治。发生日灼后，应及时用遮阳网遮光，同时摘除灼伤的果实，必要时叶面喷水。

（九）番茄裂果

1. 危害症状

番茄裂果分环状裂（图 5-1-93）、细碎裂、条形长裂、放射裂（图 5-1-94）果等。裂果的直接原因是果实表皮老化，而内部仍生长。内部压力把表皮撑裂所致。

图 5-1-93 番茄环形裂果　　图 5-1-94 番茄条形长裂、放射裂果

2. 防治方法

（1）预防。

①当果实成熟后在采收前不可浇水。如果需浇水，要先采收，后浇水；

②增施钙肥、硼肥、钾肥。

（2）防治。当发生裂果时要及时摘除，并采取适当遮光降温；喷施高硼 1 000 倍液 + 钙镁磷肥 1 000 倍液。在幼果期喷洒 1.8% 复硝酚钠（爱多收）6 000 倍液，可减少裂果。

（十）番茄盐害

1. 危害症状

番茄在结果期受盐害一般先表现在果实上，果肩深绿色，与青肩果、绿背果不同，盐害果的颜色过渡区域很宽，为放射状过渡（图 5-1-95）。

急性的强烈盐害，则多表现在叶片上，老叶变黄，很快全株枯萎死亡。

2. 防治方法

（1）预防。

图 5-1-95　番茄盐害果实症状

①在盐碱地区可行棚室番茄无土营养液静止法栽培。即开沟、沟里铺上地膜，地膜上填上基质，把配制好的营养液定期浇入基质。番茄根系在基质中分布吸收不含盐分的水分和营养，能正常生育结果；

②在盐碱轻的地片栽培番茄，应实行双行地膜覆盖。可抑制土壤水分蒸发，在一定程度上避免盐害。

（2）防治。盐害发生时，浇 1 次淡清水可有效缓解症状。

（十一）番茄果实着色不良

1. 危害症状

番茄果实着色不良通常有如下几种表现：有茶色果（图 5-1-96）、花脸果（图 5-1-97）、转色有红有黄不良果（图 5-1-98）、黄皮干萼果（图 5-1-99），还有网筋果（图 5-1-100）、黄纹果（图 5-1-101）等。

造成番茄果实着色不良的原因较多：温度过低、过高温、光照过强、过弱、打老叶过早，导致果实营养不良，植株上部光照过强，而下部透光通风不良和硼、钾、钙、镁、锌等矿质元素营养不协调，pH 过高等都可导致养分转运不通畅，或果肉组织的僵化以及果色素转变少等因素都会使果实着色不好。

163

图 5-1-96 番茄茶色果症状

图 5-1-97 番茄花脸果症状

图 5-1-98 番茄有红有黄转色
不良果的症状

图 5-1-99 番茄黄皮干萼果症状

图 5-1-100 番茄网筋果的症状

图 5-1-101 番茄黄纹果的症状

2. 防治方法

（1）预防。在栽培番茄上要因品种制宜，确定栽培季节、定植密度、肥水供应和光照、温度调节等技术措施。

（2）防治。注意田间观察调查，当发现有番茄果实着色不良时，依据其症状分析原因，尽可能改善环境条件。

（十二）番茄激素中毒

1. 危害症状

用使用过除草剂2,4-D丁酯的喷雾器，往番茄上喷雾其他农药，必然发生2,4-D丁酯中毒。其中毒症状是，番茄叶片变为蕨叶形或线形（图5-1-102），茎变细弱而顶部弯曲，花朵败育（图5-103），中毒期长达50~70天，用装盛2,4-D（二氯苯气氧乙酸）的瓶子再装盛其他农药喷药后，也造成番茄等双子叶蔬菜作物中毒。中毒症状是叶片呈蕨叶形，细长、发硬、皱叶边，叶脉隆，且极度顺直，果实小而僵。番茄使用了茄子点花药液（2,4-D液又增加了赤霉素）点花后，使果实呈桃形（图5-1-104）。樱桃番茄多采用防落素(对氯苯氧乙酸)喷花，往往不保护叶而喷花（图5-1-105）是造成防落素中毒主要原因（图5-1-106）。还有用生根剂灌根不慎喷到苗顶上或用甲哌鎓等控制用量过大必导致番茄中毒。

图5-1-102 番茄2,4-D丁酯中毒植株症状

图5-1-103 番茄2,4-D丁酯中毒，造花朵败育的症状

图 5-1-104　番茄使用丁茄子点
花药点花，果实呈桃形

图 5-1-105　番茄使用防落素喷花，如
此不保护叶的喷法是不对

图 5-1-106　用防落素喷花不保护，
使番茄叶片中毒的症状

2. 防治方法

（1）预防。

①使用激素，要严格掌握浓度、用量、方法；

②对于盛过 2,4-D 丁酯和 2,4-D 的喷雾器等容器，必须用乙醇洗刷干净后，方可用于盛农药。

（2）防治。当番茄激素中毒后，要尽快按说明使用浓度喷洒解药：如胺鲜酯、芸薹素内脂、吲哚乙酸、细胞分裂素、糖醇锌、康丰宝、威芭绿等，进行生理调节，同时搞好棚室温度调控，以促进缓解。

（十三）番茄气害

1. 危害症状

番茄气害多发生在棚室，连续 30 个小时以上不通风换气，棚内又处在高温高湿条件下。气害有 3 种：一是施用了未腐熟的鸡、鸭、牛、羊的生粪作基肥或追肥，生粪在土壤中发酵、腐熟、分解，不断释放

图 5-1-107　番茄叶片受
氨气熏害症状

氨气，造成番茄植株受气害（图5-1-107）。二是刚冲施或埋施了大量氮素肥料，造成氨气或亚硝酸气害（图5-1-108）。只埋肥不浇水，更容易形成危害。三是夜间过量施燃敏感性烟剂或熏烟时间长于10小时，也会造成气害（图5-1-109）。

图5-1-108　番茄硝酸气危害的症状　　图5-1-109　番茄烟剂熏害的症状

2. 防治方法

（1）预防。

①施充分发酵腐熟的有机肥料；

②冲施氮肥不要过量，若埋施氮素化肥要埋盖严；

③烟剂施用别超量，熏烟时间7~8小时为宜，别过长；

④每日要通风换气。

（2）防治。发生气害后，要尽快通风换气，并喷施20%松脂酸铜800倍液或47%春雷·王铜可湿性粉剂1 000倍液防病。如果确定是氨气毒害，可喷洒500~600倍液的胺鲜酯或食醋缓解。

（十四）番茄受药害

1. 危害症状

番茄喷药后数小时，发现叶片或叶边干枯，从叶片正背两面看，都受害，叶肉也大部分干枯（图5-1-110）；果实也受害，青果的果面上表现出褐色皱

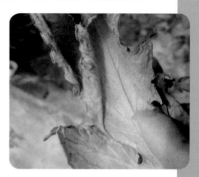

图5-1-110　番茄叶片正面背面都受药害的症状

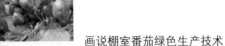

皮（图 5-1-111）。药害一般全田发生，或发生在重复施药和喷施沉淀药的地方。

图 5-1-111　番茄果实受药害的症状

2. 防治方法

（1）预防。施药前要仔细阅读此农药的说明书，一定要按说明书对药，施药。

（2）防治。发生药害后，若手下无解药，可立即喷清水 1 遍或 2 遍，缓冲药害，然后用胺鲜酯（图 5-1-112）和芸薹素内酯、绿泰宝、康丰素、威芭绿等缓解剂，均匀喷洒，5 天左右喷 1 次，直至解除药害为止。

（十五）番茄畸形果

1. 危害症状

**图 5-1-112　胺鲜酯，
解药害、消病毒**

番茄畸形病果中，有僵果型（图 5-1-113）、多心室型（图 5-1-114）、菊花型果（图 5-1-115）、空洞果（图 5-1-116）、秕果（图 5-1-117）、透明果（图 5-1-118）、桃形果、鬼斑果等（图 5-1-119），发病严重的成品果只占半数。畸形花（图 5-1-120），其实在花芽分化阶段用显微镜就可以看到畸形花。

图 5-1-113 番茄僵果症状

图 5-1-114 番茄多心室果症状

2. 防治方法

（1）预防。从番茄 4~5 片真叶期至摘除顶心前 20~30 天，一直在陆续分化花芽。为使花芽正常分化，以减少畸形花、畸形果，在管理上应注意：

①调节好棚室保护地的环境条件，尤其是冬季的夜温太低（一般凌晨最低温度不低于 12℃）；夏季的夜温勿太高（一般别高于 25℃）；昼夜温差不小于 8℃，不大于 20℃；

②做到平衡施肥，多元素供应；

③浇水要掌握大小适中，浇均匀；

④严格施用激素的浓度、方法。

（2）防治。

①发现畸形花、畸形果实要及时摘除；

②如果某一类型畸形果数量较多，应查清原因，缺水的要及时浇水，氮肥过多的暂停施氮肥；植物生长调节剂浓度搞错的要立即改正施用浓度；

③摘花措施可去掉已经分化形成的花芽，促进侧芽萌发，继而分化形成新的花芽。可在生产中应用。

图 5-1-115 番茄菊花型果症状

图 5-1-116 番茄空洞果剖开症状

169

图 5-1-117 番茄秕果症状

图 5-1-118 番茄透明果症状

图 5-1-119 桃形果、鬼斑果

图 5-1-120 番茄畸形花（带状花）

（十六）番茄其他病害和生理障碍

在棚室保护地番茄生产中见到的番茄病害和番茄生理障碍（生理性病害）很多。有番茄褐斑病（图 5-1-121）、番茄锈斑病（图 5-1-122）、番茄紫斑病（图 5-1-123）、番茄假单孢果腐病（图 5-1-124）、番茄斑点病（图 5-1-125）、番茄霜霉病（图 5-1-126）、番茄黄萎病（图 5-1-127）等，有时，在同一植株上同时发生多种病（图 5-1-128），在番茄生理障碍方面，常见的还有巧克力色果、大脐果、萼片背紫线果（图 5-1-129）等，番茄果面不平，着色不佳，皮层糠果（图 5-1-130）等生理性病害也很多。

在番茄实际生产中，不可对所有病害逐一防治，实际很多病害也不可能形成太大的危害。所以，必须与栽培技术相结合在一起，调节好环境，搞好预防。然后必要时用药剂控制，要重点防治。

图 5-1-121　番茄褐斑病症状

图 5-1-122　番茄锈斑病症状

图 5-1-123　番茄紫斑病症状

图 5-1-124　番茄假单孢果腐病症状

图 5-1-125　番茄斑点病症状

图 5-1-126　番茄霜霉病症状

图 5-1-127 番茄黄萎病症状

图 5-1-128 叶片同时发生斑枯病和叶霉病

图 5-1-129 番茄萼片背紫线的果实症状

图 5-1-130 番茄着色不佳皮层糠果症状

第二节 番茄主要虫害的识别与防治

（一）番茄南方根结线虫

1.危害症状

南方根结线虫为害番茄的症状，植株地下部表现为：根系受害后形成大小和形状不同的瘤状根结，有的呈现串珠状，初为白色，后变为淡褐色，地表有龟裂。而地上部表现为：因根系吸收、输送水分和养分的能力和根系合成内源激素的能力都下降，从而使叶片变小，叶色变浅，变黄，似缺素症；落花，落果，果实小，畸形果多，植株生长缓慢，矮小瘦弱，中午萎蔫，早晚恢复，严重的至全株枯死（图 5-1-131）。

南方根结线虫是一种肉眼看不到的虫子，地温长时间低于 5℃则死亡，所以在北方露地不能越冬成活；而在棚室保护地能越冬存活，且危害作物严重。

图 5-1-131 番茄遭根结线虫危害的地下部症状

2. 防治方法

（1）预防。

①选用抗根结线虫的番茄优良品种；

②采用无根结线虫病的苗子定植；

③在有根结线虫棚田使用过的旋耕机、锨、镢等农具和作业人员穿过的鞋子所携带的泥土中有根结线虫。必须经过彻底清除和消毒后，方可在无线虫的棚田使用。

（2）防治。

①对已发生根结线虫病的棚田，于番茄定植前和定植时撒施 10% 多神气 TM（噻唑磷和印楝脂）粉粒剂或 10% 福气多（噻

图 5-1-132 噻虫啉

唑磷）粉粒剂，每亩3千克，其中2.5千克先撒施于田表面，然后通过旋耕地，把药粉均匀施入15厘米厚的耕层中。余下的0.5千克掺混上500~600倍的细土，于定植番茄时撒施于定植沟或穴中；

②从定植时做起，如发现根结线虫危害，立即用线灵水乳剂1 000~1 500倍液灌根；或用新一代2%噻虫啉微悬浮剂每亩用300克对水1 500~2 000倍液移栽定植时浇埯（图5-1-132），对根结线虫及其他地下害虫全杀。还可用11.8%线索（10%A噻唑磷+1.8%阿维菌素+非激素生剂）乳剂每亩用量2千克，随水冲施；单株灌根用1千克，对水500~800倍，每株灌药水250~300毫升。

（二）白粉虱和烟粉虱

1.危害症状

人们往往把烟粉虱误认为是白粉虱，这是由于烟粉虱成虫的翅透明具白色细小粉状物，看上去要比翅上覆盖白蜡粉的白粉虱还白。其实烟粉虱的体形比白粉虱显著小。菜农们通常把烟粉虱和白粉虱叫作"小白蛾"。它们的成虫、若虫和卵群集于寄主的叶片背面，吸食

图5-1-133　叶片背面集聚白粉虱

寄主的汁液（图5-1-133），被害叶片褪绿、变黄、萎蔫，甚至植株枯死。（产在背面的卵，把卵柄扎入叶肉，也吸食汁液）。

"小白蛾"繁殖力很强，种群数量大，群体危害，并分泌大量蜜液，严重污染叶片和果实，形成霉污病（图5-1-134）。

图5-1-134　番茄霉污病症状

受害叶片失去光合作用能力；受害果实发育不良，成熟后果面粗糙，果实上半部不转红色，具斑驳青花皮或黑褐色污染片斑，失去商品价值（图5-1-135）。

烟粉虱体形虽小，但其对作物的间接危害性更严重。它传播番茄黄花曲叶病毒（TYLCV）和台湾番茄黄顶曲叶病毒（TOLCTMV），这两种病毒都属双生病毒

图 5-1-135　番茄霉污病果实受害症状

科，菜豆金色花叶病毒属，侵染后发生的病毒病都危害性很大；尤其是被世界科技界称"超级害虫"的B型烟粉虱与土著烟粉虱（当地原有的烟粉虱）和白粉虱，在传播病毒之间存在不对等的互惠共生关系，使B型烟粉虱的生殖力提高11~17倍，成虫寿命延长5~6倍，8周后种群数量增加2~13倍，由此取代土著烟粉虱和白粉虱，造成TYLEV和TOLCWV传播大流行，爆发性发生番茄等蔬菜病毒病，造成严重减产和严重降低品质。

2.防治方法

（1）预防。

①于棚室通风口设置上32~40目的避虫网，防止烟粉虱、白粉虱迁入棚室内；

②前茬倒茬后，采用20%异丙威烟剂每亩用300~400克，严闭棚室熏烟1夜（8-12小时）。

（2）防治。

①定植前趁苗子集中时，喷药杀灭苗子上带有的烟粉虱和白粉虱；

②定植后勤检查虫情，只要

图 5-1-136　棚室内挂置黄板诱杀"小白蛾"

在室内发现有此虫，要立即喷药防治，可选用 25% 噻嗪铜 2 000 倍液，或 20% 灭扫利（甲氰菊酯）2 000 倍液等内吸杀虫药剂，交替轮换使用，每隔 5~7 天喷 1 次，视虫情连续喷治 2~4 次。停药后 12 天，方可采收成熟果实；

　　③于棚室内挂置黄板诱杀白粉虱和烟粉虱，并可诱杀有翅蚜（图 5-1-136）。

（三）蚜虫

1. 危害症状

　　在棚室内番茄上发生的蚜虫主要是棉蚜和桃蚜，这两种蚜虫于温室内一年可发生 20~30 代，终年危害。蚜虫群集中叶背面和嫩茎上（图 5-1-137），以刺吸式口器吸食番茄的汁液，使叶向背面卷曲、变黄甚至叶枯。蚜的间接危害性质更重，它传播病毒，使番茄发生各种病毒病。蚜虫排泄蜜露，污染叶片（图 5-1-138），严重影响叶片的光合功能。更严重的是使番茄发生煤霉病（图 5-1-139），若忽视及时防治，往往会使番茄叶子变为一片枯焦状。果实受煤霉病危害，转色不好，上半部斑驳发青（图 5-1-140）。

图 5-1-137　蚜虫群集于嫩茎和叶背

图 5-1-138　落于番茄叶片正面的蚜虫排泄蜜露，污染叶片

图 5-1-139 受煤霉病严重
危害的植株

图 5-1-140 受煤霉病危害的果实

2.防治方法

与白粉虱、烟粉虱的相同。（略）

（四）茶黄螨

1.危害症状

茶黄螨虫体很小肉眼难见。繁殖很快，28~32 ℃时 4~5 天繁殖 1 代；18~20℃时 7~10 天繁殖 1 代，一年繁殖 25 代左右。主要于棚室内繁殖危害蔬菜作物。其多于植株顶部嫩叶上取食（嫩叶螨），被害嫩叶变老化，即由老化叶向嫩叶转移，故又叫"嫩叶螨"（图 6-1-141）。

图 5-1-142 茄果实受茶黄
螨危害

叶片被害后叶背面变黄，故也叫它"黄叶螨"。变黄的叶片带油亮、扭曲畸形，重的至顶部叶片枯萎。番茄的花受茶黄螨危害后开放不好或不能开放授粉。果实受害后果皮变黄褐、木栓化、鞍裂或龟裂（图 5-1-142）。

图 5-1-141 番茄顶部嫩芽背面茶
黄螨集中危害症状

2. 防治方法

（1）预防。

①前茬作物拉秧倒茬后要立即清洁田园，彻底清除残枝败叶和杂草；

②深翻耕地，压低越冬螨虫口基数；

③春季控制棚内昼温不超过30℃，以减少露地蔬菜的茶黄螨来源。

（2）防治。发现螨虫危害，虫株率达0.5%时就要采用下列杀虫剂防治：

① 20% 双甲脒乳油 1 500 倍液；

② 73% 克螨特（炔螨特）乳油 2 000 倍液；

③ 5% 噻螨酮乳油 2 000 倍液；

④ 5% 唑螨酯悬浮剂；

⑤ 30% 嘧螨酯悬浮剂 2 000 倍液。

为提高防效，可在药液中混加增效剂或洗衣粉等；喷药时重点喷淋植株上部的幼嫩部位，如嫩叶背面，嫩茎、花器、幼果等。

（五）番茄斑潜蝇

1. 危害症状

美洲斑潜蝇 俗名蔬菜斑潜蝇、蛇形斑潜蝇、甘蓝斑潜蝇、"鬼画图"，菜农叫它"串皮虫"、"鬼画符"。原分布于北美洲，1994 年传入我国，现已扩散到南北各省区。危害的寄主有番茄、甘蓝、瓜类等，多达22科110多种植物。以雌成虫飞翔把植物叶片刺伤，进行取食和产卵，幼虫潜入叶片内和叶柄内危害，产生不规则蛇形白色虫道，叶绿素被破坏，影响光合作用（图5-143）。受害叶片枯死脱落，造成花蕾、果实被伤和严重毁苗。美洲斑潜蝇发生初期，虫道不规则线状伸展，虫道终端明显扁宽，有别于瓜斑潜蝇（又称番茄斑潜蝇）。受害番茄田的受害蛀率 30%~100%；一般减产 30%~50%，严重的绝产。

图 5-1-143　番茄受美洲斑潜蝇危害的症状

2.防治方法

（1）预防。

①闭棚熏烟，杀灭潜藏于棚室内的斑潜蝇成虫和幼虫；

②棚保护地和育苗处，都要设置上防虫网，防止斑潜蝇进入棚室内；

图 5-1-144　棚内张挂诱杀斑蝇的黄板

③张挂诱杀斑潜蝇的黄板或黏纸，诱杀斑潜蝇（图 5-1-144），每亩设置上 15 个诱杀点；

④生物防治，释放潜叶蝇姬小峰，平均寄生率 78.8%。

图 5-1-145　高端灭蝇药剂灭蝇胺

（2）防治。于产卵高峰期至低龄幼虫高峰期，主要选以下两种药剂于上午喷雾：

① 30% 灭蝇胺（潜危）3 000 倍液（图 5-1-145）；

② 10% 潜杀得（灭蝇胺）悬浮剂 1 000 倍液；用上述两剂型的灭蝇胺喷洒全株，可杀灭斑潜蝇的卵、幼虫、成虫。持效期达 10~15 天。另外还可用 20% 斑杀净（阿维 · 杀单）微乳剂 1 000 倍液；10% 除尽（溴虫腈）悬浮剂 1 000 倍液；2% 金维哒（2% 阿维菌素 · 哒）乳油 2 000 倍液；喷雾杀灭。均匀喷雾，7~10 天喷 1 次，连续喷杀 2~3 次。采收前 12 天停止用药。

（六）蓟马

1.危害症状

发生于我国北方露地和棚室保护地蔬菜上的蓟马主要有黄蓟马、瓜蓟马（棕榈蓟马）、葱蓟马等。在棚室番茄、辣椒、茄子、黄瓜等瓜类作物上发生危害的蓟

图 5-1-146　蓟马形态

马多为瓜蓟马，即棕榈蓟马（图 5-1-146），它在棚室内一年繁殖 15 代，世代重叠。蓟马是 4~6 毫米长、1~1.5 毫米宽的虫子，非常活跃，多于未展开的嫩叶的正面和展开叶片的背面、或钻到花瓣内和叶腋间，刺吸嫩叶、嫩梢、花和幼果的汁液危害。受害叶片沿叶脉出现很多小段白色坏死条（图 5-1-147）有些嫩叶的叶边向上（正面）翻卷（图 5-1-148），有的卷成小勺状。这是蓟马在嫩叶正面刺吸汁液，叶正面受害比叶背面重的缘故。

图 5-1-147 嫩叶受蓟马危害

图 5-1-148 嫩叶受蓟马危害后，叶边向上翻卷

2. 防治方法

（1）预防。

①前茬拉秧罢园后，要立即彻底清洁田园，清除残枝败叶及杂草，集中烧毁；

②于定植番茄之前，用 20% 异丙威烟剂每亩施用 300~350 克，严闭棚室熏烟 12 小时（棚内无作物，可延长熏烟时间。

（2）防治。

①于棚室内张挂篮板（图 5-1-149）诱引黏杀蓟马；

②在幼虫盛发期选用下列杀虫剂喷雾防治：3% 大马力乳油（3% 啶虫脒乳油）2 000 倍液；或 30% 吡虫啉乳油（图 5-1-150）3 000 倍液；或 25% 噻虫嗪可湿性粉剂 2 500 倍液；全棚室喷布（即对番茄植株、地面、墙边、走道都喷药），要从棚田的一边往另一边逐畦逐行赶着喷杀蓟马。每隔 4~5 天喷 1 次，连续喷杀，直至消灭蓟马危害为止。采收果实 12 天前停止喷施上述农药。

图 5-1-149 棚内张挂篮板
诱杀蓟马

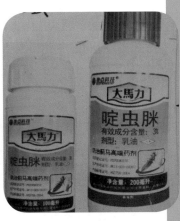

图 5-1-150 防治蓟马的高
端药剂大马力

（七）棉铃虫、菸青虫等鳞翅目夜蛾科害虫

1. 危害症状

棉铃虫（图 5-1-151）、烟青虫（图 5-1-152）也一直是露地番茄的主要害虫之一。对于棚室保护地而言，只危害越夏茬番茄。近年来甜菜夜蛾和斜纹夜蛾也已成为露地番茄和棚室越夏番茄的猖獗害虫（图 5-1-153 和图 5-1-154）。

图 5-1-151 棉铃虫幼虫蛀食番茄幼
果，并排出黑色粪便于果柄上

图 5-1-152 菸青虫幼虫咀
嚼番茄叶片，并排出黑色粪
便于叶片上

图 5-1-153　甜菜夜蛾幼虫钻入番茄果实中蛀食果肉，从蛀入口排出粪便

图 5-1-154　斜纹夜蛾的幼虫，在番茄果实上蛀洞

2. 防治方法

（1）预防。

①棚室保护地番茄于通风口设置防虫网防止鳞翅夜蛾迁入棚内；

②鳞翅夜蛾产卵高峰期后 3~4 天喷 25% 灭幼脲悬浮剂 500 倍液，相隔 5~7 天连续喷 2 次。

（2）防治。在 6~7 月经常调查虫情，当鳞翅夜蛾产卵百株卵量达 20~30 粒时，一般在越夏茬番茄开始膨果时，采用以下药剂防治：

①5.7% 钜鹰（甲氨基阿维菌素苯甲酸盐）乳油 1 000 倍液（图 5-1-155）；

②20% 酰肼悬浮剂 1 500~3 000 倍液；

③5% 氟啶脲乳油 1 500 倍液；

④2.5% 多杀霉素悬浮剂 1 000~2 000 倍液；

⑤10 亿 PIB/ 克棉铃虫多核型角体病毒可湿性粉剂 1 000 倍液；

⑥2.5% 溴氰菊酯乳油 1 500~2 500 倍液；视虫情每周喷 1 次，连喷杀 3~4 次。

图 5-1-155　目前防治棉铃虫、烟青虫、甜菜夜蛾、斜纹夜蛾的高端农药甲维盐（阿维菌素苯甲酸盐）

（八）蛞蝓、附蜗牛、螺

1.蛞蝓的习性及危害特点

蛞蝓属腹足纲、柄眼目，别名鼻涕虫。在我国南北各地分布的蛞蝓有两种：一种是蛞蝓科的野蛞蝓（图5-1-156）；另一种是足襞蛞蝓科的高突足襞蛞蝓（图5-1-157）。这两种蛞蝓在云南北棚室繁殖菜田，均一年2~6代，但以春、秋两季繁殖旺盛，危害重。它

图5-1-156 野蛞蝓

以角质齿、舌取食蔬菜的叶片成孔，尤以幼苗、嫩叶受害最烈。

蛞蝓的成体伸直的体长30~60毫米，体宽5~8毫米，长梭形，无外壳，柔软光滑，体表暗黑色或暗灰色或黄白色或灰红色，有两对暗黑色触角。看上去似出壳爬行的蜗牛，故菜农俗称其"不带壳的蜗牛"。卵椭圆形，直径2~25毫米，韧而有弹性，白色透明可见卵核。近孵化时色变深。

蛞蝓完成一个世代250天，卵期16~17天，以孵化至成贝性成熟55天，成贝产卵期长达160天。既雌雄同体异性受精，也可同体受精繁殖。产卵于潮湿土缝中，一生产卵400粒左右。此

图5-1-157 高突足襞蛞蝓

图5-1-158 于棚室番茄畦面撒施3密达颗粒剂，诱杀蛞蝓、蜗牛、螺等

虫很怕光，在强光下 2~3 小时即死亡。因此，均为夜间活动，从傍晚开始出动，近半夜时达高峰，清晨前又陆续潜入土中或隐蔽处。阴暗潮湿环境易大发生，当气温在 11.5~18.5℃，土壤含水量25% 左右时对其发生最为有利。危害蔬菜、粮食、花卉等植物、

2. 无公害防治方法

（1）预防。注意改善菜田生态环境，使地表土壤有一定干燥程度。

（2）防治。

①蛞蝓昼伏夜出，黄昏危害，在菜田或棚室保护地放置瓦块、菜叶或扎成把的菜杆或树枝，太阳出来后它们长躲藏在其中，可集中清除杀灭；

②在蛞蝓爬行处撒上草木灰或石灰，爬行时体上黏上草木灰或石灰就会被碱死；

③每亩撒施3%密达(四聚乙醛)颗粒剂0.5千克,于傍晚撒施,诱杀成体和幼体（图 5-1-158）；

④喷撒70% 杀螺胺粉剂每亩28~35克,对水适量稀释后喷洒,或拌细沙子撒施。在蛞蝓危害严重地区或田块，第一次用药后隔10~12 天再施一次，才能有效控制其危害。

上述方法，除有效防治野蛞蝓、高突足襞蛞蝓等多种蛞蝓外，还可以有效防治同型巴蜗牛（图 5-1-159）等多种蜗牛和细钻螺、福寿螺（图 5-1-160）等多种螺。

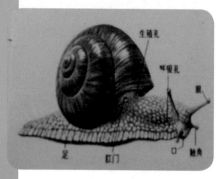

图 5-1-159　同型巴蜗牛成体

图 5-1-160　福寿螺成螺

第六章　棚室番茄的采收及营销运输

第一节　番茄果实成熟和采摘、催熟技术

一、番茄果实的成熟期

（一）绿熟期

果实发育达到品种果实足够大的程度，不再增大，而即将进入转色期的绿果。例如图6-1-1和图6-1-2。

图6-1-1　深粉红大果型品种绿熟期果实形态

图6-1-2　红色大果型品种绿熟期果实形态

（二）转色期（半色熟期）

果实由绿色转为粉红色成熟本色或转为红色成熟本色过程中前半期，表现为粉红大果略显粉色，但有部分绿底；红色大果显浅黄色。例如图6-1-3和图6-1-4。

图 6-1-3　深粉红大果型品
种转色期果实形态颜色

图 6-1-4　红色大果型品种转色
期果实形态颜色

（三）成熟期（硬熟期）

完全表现出本品种成熟果的本色，而且果实仍较硬实。例如
图 6-1-5 和图 6-1-6。

图 6-1-5　深粉红大果型品种成
熟期果实形态颜色

图 6-1-6　红色大果型品种成熟期果
实形态颜色

（四）完熟期（软熟期）

果实完全成熟变软，果色变浓，欠光泽。有的出现熟透过分
而裂果。例如图 6-1-7 和图 6-1-8。

图 6-1-7 深粉红大果型品种完熟期果实形态颜色

图 6-1-8 红色大果型品种完熟期果实形态颜色

二、番茄采收时期和方法

（一）采收时间

1. 先采收果实，后喷洒灭菌杀虫药剂

番茄是陆续开花坐果和成熟的。除了植株顶部的果实外，其他部位的果实，往往成熟采收期与喷施灭菌或杀虫药剂的时间延在一起，这时应先采收完应该采收的所有果实，然后才可喷施农药。喷洒灭菌剂 7~8 天后或喷洒杀虫剂10~12 天后，方可再采收又成熟的果实。以确保无公害生产蔬菜和食用安全。

2. 按照所需果实成熟期及时采收

在番茄果实采收上，有需要在果实转色期（半熟期）采收后远处销售的，也有需要在果实绿熟期采收更远方销售的。一般在国内销售宜于果实成熟期（硬熟期）采收。不可推迟于完熟期采收。倘若等到完熟期采收（图 6-1-9），果

图 6-1-9 果实已达完熟期还未采收，势必造成经济损失

实变软，不耐运输，货架期变短，难以找到客户批售，售价降低，必然造成经济损失。因此，在番茄果实完熟期之前，必须按销售的需要及时采收。

（二）采收番茄果实的实践技术

1.摘收果实的操作技术

在番茄果柄中部的"拐角"或叫"关节"，在植物学上这个"拐角"则是"断带"（图6-1-10）。采收番茄果实时，手握果实，用拇指顶住"拐角"（或"关节"），手一掀就把果实摘下来了（图6-1-11）。随机将果实放入另一只手提着的果篮里。

图6-1-10　果柄中部的离层"断带"，菜农称其为果柄"拐角"或称"关节"

图6-1-11　采摘番茄果实时，用拇指顶住"拐角"

2.对某些品种的果实，应成穗或成串采收

对罗曼系列品种的成熟果实应成穗收获；对某些迷你型系列品种的果实，也宜成串收获。因为这些品种的果实整穗、整串成熟期一致，采取穗收和串收不但省工，还能延长果实的货架期。采收的方法是用消毒过的剪刀（一般用高锰酸钾800~1 000倍液浸刷消毒），将整穗果或整串果（有的1穗是3串）实剪下。

3. 注意对采收的果实保温防冻

菜农将自制的"底盘小车"（图6-1-12）推进棚室内北边的走道上，把摘满菜篮子的番茄果实倒入菜筐内，装满筐后，冬季先用棉被把盛满番茄果实的菜筐包盖好，然后才用底盘小车将其运至室外，再装入三轮车或面包车运至蔬菜批发市场出售。不论是三轮车还是用面包车等装运，都要注意保温防冻。

如若是订单直销售，要在棚室内先选好果，然后分级或分品种类型的果实装箱装车，运到蔬菜批发市场批量销售。

图6-1-12　菜农自制的
"底盘小车"，其构造简单，
使用方便

三、促进果实成熟转色

（一）用适宜温度促进果实成熟转色

当棚室番茄植株上的果实进入绿熟期之后，将棚温调节为白天25~28℃，夜间16~20℃，则能明显促进果实加快成熟转色，果面光亮美观。而且这一适宜温度范围，更利于番茄植株的生长发育和幼果正常膨大。然而有的菜农把棚室内温度低，番茄果实成熟转色缓慢和推迟，归结于果实受到的光照不足，光线弱，就将植株下半部的叶片全部打掉。因而造成了果实成熟缓慢和着色不良（图6-1-13），或因打叶过早而造成底层果实转色慢于上层果实（图6-1-14）转色。

其实，番茄果实成熟转色与果实内所含茄红素、胡萝卜素、叶黄素有关。这三种素的形成虽与光线照射有关，而更为主要的是受温度支配。当气温在19℃以下28℃以上时都能抑制茄红素、胡萝卜素、叶黄素的形成，则影响番茄果实成熟转色。因此，夏季高温和冬季低温都是影响番茄果实正常转色的主要因素。所以在棚室番茄栽培管理上，控制棚温在上述适宜范围内，既能促进果实成熟转色，又能促进植株健壮生长持续结果。是一项环保、食品安全、促进果实成熟转色良好的措施。

图 6-1-13　棚温低，番茄果实成熟转色缓慢，果色不良

图 6-1-14　果实着色慢，误认为是光线弱所致，打叶过早，造成底层果转色慢于上层果实

（二）用乙烯利溶液对番茄果实催熟转色

一般情况下，棚室保护地番茄极少采用乙烯利对果实催熟，这是因为既是低温的冬季，棚室内的气温很容易达到番茄果实成熟转色所需的适宜温度——昼温 25~28℃，夜温 16~20℃。在此温度条件下，果实能正常发育自然成熟，转色良好（图 6-1-15）。

图 6-1-15　番茄在昼温 25~28℃，夜温 16~20℃的适温条件下，自然成熟，转色良好，无需催熟

但在冬季遇到连续阴雪天气，棚室内连续多日低温，番茄绿熟果实转色迟缓，甚至不见转色时，则需要用乙烯利 500~1 000 毫克 / 千克的溶液离体催熟。方法是将已达绿熟期的果实采收后用上述浓度的乙烯利溶液浸泡 1 分钟，然后置于 24~28℃温暖处，经 3~4 天开始转红。然而不宜于在低温棚室的番茄植株上用乙烯利上述浓度的溶液喷射绿熟

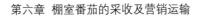

果实催熟。因为棚温仍低（昼夜达不到21℃），即使喷射了催熟剂乙烯利，果实也不见转色。用乙烯利800毫克/千克的溶液对昼温在20~28℃和16~22℃的番茄棚室不离体果实催熟的对比试验表明，在涂乙烯利后的第3天观察，前者明显开始转色（图6-1-16），而后者未见转色（图6-1-17）。由此证明，既使使用乙烯利催熟，温度仍为重要因素。如若温度低，就是使用乙烯利催熟也不见转色成熟效果。

图6-1-16 棚内昼温24~28℃，绿熟果涂乙烯利800毫克/千克溶液后的第3天开始转色

在使用乙烯利对番茄绿熟期果实非离体催熟（即在植株上催熟）时，注意切勿把药液喷射到株体上部的叶片上。否则，会使叶片受害变黄甚至脱落（图6-1-18）。

图6-1-17 棚内昼温16~22℃，绿熟果涂乙烯利800毫克/千克溶液后的第3天未见转色

图6-1-18 使用乙烯利对番茄绿熟果催熟时，误将药液喷射到叶片上，使叶片受害变黄

第二节　棚室番茄采果后的处理和储运、营销

一、番茄果实采收后的处理

（一）剔除不达标准的果实

在采收番茄果实时，只要是达到成熟期标准的，不论大小和优劣，要统收（图6-2-19）。在统收的果实中，绝大部分是优秀果，但也有些超成熟标准的、靫皮的、太小的、畸形的等达不到优良果标的果实。因此，要剔除这些劣果。剩下的则是优秀果实，可单独存放（图6-2-20）。

对于穗收或串收的果穗中的秕果、畸形果、僵果等不正常的果实都剔除。从而使整穗、整串果实都是优秀的。

图 6-2-19　统收的大小不等、优劣混合的番茄果实

图 6-2-20　剔除劣果后的优秀果实

（二）果实分级、分类

1.大型果品种的果实分级

（1）粉红大果。一般按单果重 240~300 克为一般大果；而单果重超过 300 克的为特大粉果（图 6-2-21 和图 6-2-22）。

图6-2-21　从番茄粉红大果堆中，
选出特大的粉红果

图6-2-22　将选出的单果重超过300
克的特大粉红果，堆放在一起

（2）红色大果。一般按单果重180~260克为一般大果（图6-2-23）；而单果重超过260克的为特大红色大果。

2.中型、小型、迷你型果实按果色或果形分类

成穗采收的罗曼系列品种的果实和成串采收的迷你型系列品种的果实，都有黄、红、粉红、黑、紫、绿等各种颜色，要按果实颜色分类存放、待分类装箱。

图6-2-23　尚未装箱
的一般红色大果

果实桃形、李形、梨形、香蕉形等形的，要按果形分别存放，待装箱出售。

图6-2-24　对单个果实摘收
的樱桃型番茄果装箱

二、番茄果实的装箱、储运和营销

（一）番茄果实装箱

1.樱桃型番茄果的装箱

对单果摘收的樱桃型番茄果装

箱，采取先将果实装入长方形的塑料果盘，用塑膜黏封好后，再装塑料果箱内（图6-2-24）。

2. 大果型番茄，果实装箱（图6-2-25）

常用的装番茄果的果箱有两种：一种是白色聚乙烯泡沫箱，规格为长45~50厘米、宽30厘米左右、高28厘米（包括箱盖）。此箱多用于冬春装运番茄果等蔬菜用，另一种是黑色硬质塑料网箱，其规格与上述白色塑料泡沫箱子近似。多于夏秋季节装番茄等蔬菜用。装番茄果时，先于箱内铺上洁净的白色软包装纸，然后使萼片在上，排摆上两层番茄大果，每一层大果上面放上一张与箱内平面一样大的硬板纸，用包装纸包好箱面的果实后，盖上盖，用黏塑膜封盖缝，摞存待运（图6-2-26）或直接装车外运（图6-2-27）。

图6-2-25 番茄大红果装箱

图6-2-26 摞存的装番茄的果箱

图6-2-27 装满番茄果箱，覆盖保温被的汽车准备运输

3. 番茄穗收、串收果和形状果的装箱

对罗曼系列品种的穗收果和迷你番茄的串收果，均按果实的成熟果果色分别装箱，而对桃形、梨形、李子形等番茄果，均按果实形状分别装箱。

4. 做好装箱记录

在番茄装箱工作中，有一项很

重要的工作就是作好记录，果箱上贴标签（图6-2-28）。把番茄果实的产地、生产户主、品种、果实名称、品牌等都记录在册，填写好标签贴于果箱上。此项工作最好有专人负责。

图6-2-28 装箱过程中做记录

（二）番茄果实的运输和营销

在山东省寿光棚室蔬菜集中产区，目前番茄运输营销的方式主要有如下3种。

1.直运直销

棚室番茄生产方蔬菜生产合作社或大面积生产番茄的专业户联合，与国内大、中城市的或国外的番茄营销商签订销购合同，按合同购方直接到生产方购运已装好箱的番茄（图6-2-29）或生产方将装好箱的番茄，专车运至购方销售。

2.预约售购

大面积生产番茄的户联合或蔬菜生产合作社与寿光蔬菜批发市场的番茄营销商签订意向书，预约售购方式，一般分为两种情况：一是生产番茄方按约定日期将采收的番茄处理好、装好箱。由购买方定时来购运。二是生产方将采收处理后未装箱的番茄运至寿光批发市场售给预定的营销商。

3.番茄生产户售毛果

棚室番茄生产户将采收的番茄果不加分级、剔除、装箱，随即将统收果运到寿光批发市场批量销售，

另外，通过番茄果实处理，剔除的次果一般在集市上贱价卖出。

图6-2-29 购方专车到生产方购运已装好箱的番茄

195

参考文献

刘春香, 刘天英, 朱振华, 等. 2008. 蔬菜穴盘育苗及保护地栽培技术 [M]. 寿光市农业技术中心.

李玲, 肖良涛. 2013. 植物生长调节剂应用手册 [M]. 北京: 化学工业出版社.

吕佩珂, 苏慧兰. 2006. 中国蔬菜病虫原色图鉴 [M]. 北京: 学苑出版社.

吕佩珂, 刘文珍. 1996. 中国蔬菜病虫原色图谱续集 [M]. 呼和浩特: 远方出版社.

王恒亮. 2013. 蔬菜病虫害诊治原色图鉴 [M]. 北京: 中国农业科学技术出版社.

杨维田, 刘立功. 2011. 番茄 [M]. 北京: 金盾出版社.

朱振华, 朱永春. 2002. 寿光冬暖大棚蔬菜生产技术大全 [M]. 北京: 中国农业出版社.

朱振华, 王成增. 2000. 西红柿 [M]. 北京: 黄河出版社.